Edition Nachhaltig wirtschaften

Reihe herausgegeben von
Ralf T. Kreutzer, Hochschule für Wirtschaft und Recht, Berlin, Deutschland

Nachhaltigkeit ist heute in aller Munde. Doch es reicht nicht, nur darüber zu reden, man muss auch handeln!

Dazu will die **Edition Nachhaltig wirtschaften** einen wichtigen Beitrag leisten – mit **Denkanstößen** und vor allem mit **Handlungsimpulsen**. Neben den für Veränderungsprozesse notwendigen psychologischen, soziologischen und systemischen Grundlagen werden u. a. die Themen nachhaltige Unternehmensführung, Kreislaufwirtschaft, Green Marketing/Green Branding, grüne Finanzstrategien, ethischer Konsum und nachhaltiges Innovationsmanagement diskutiert.

Christian Schlimok · Bastian von Lehsten

Durch Markenführung und Innovation zu mehr Nachhaltigkeit im Unternehmen

Wie Sie Nachhaltigkeit bei gleichzeitigem wirtschaftlichen Erfolg erreichen

Christian Schlimok
Novamondo GmbH
Berlin, Deutschland

Bastian von Lehsten
Novamondo GmbH
Berlin, Deutschland

ISSN 3004-8516 ISSN 3004-8524 (electronic)
Edition Nachhaltig wirtschaften
ISBN 978-3-658-46116-4 ISBN 978-3-658-46117-1 (eBook)
https://doi.org/10.1007/978-3-658-46117-1

Die Deutsche Nationalbibliothek verzeichnet diese Publikation in der Deutschen Nationalbibliografie; detaillierte bibliografische Daten sind im Internet über https://portal.dnb.de abrufbar.

© Der/die Herausgeber bzw. der/die Autor(en), exklusiv lizenziert an Springer Fachmedien Wiesbaden GmbH, ein Teil von Springer Nature 2024

Das Werk einschließlich aller seiner Teile ist urheberrechtlich geschützt. Jede Verwertung, die nicht ausdrücklich vom Urheberrechtsgesetz zugelassen ist, bedarf der vorherigen Zustimmung des Verlags. Das gilt insbesondere für Vervielfältigungen, Bearbeitungen, Übersetzungen, Mikroverfilmungen und die Einspeicherung und Verarbeitung in elektronischen Systemen.
Die Wiedergabe von allgemein beschreibenden Bezeichnungen, Marken, Unternehmensnamen etc. in diesem Werk bedeutet nicht, dass diese frei durch jede Person benutzt werden dürfen. Die Berechtigung zur Benutzung unterliegt, auch ohne gesonderten Hinweis hierzu, den Regeln des Markenrechts. Die Rechte des/der jeweiligen Zeicheninhaber*in sind zu beachten.
Der Verlag, die Autor*innen und die Herausgeber*innen gehen davon aus, dass die Angaben und Informationen in diesem Werk zum Zeitpunkt der Veröffentlichung vollständig und korrekt sind. Weder der Verlag noch die Autor*innen oder die Herausgeber*innen übernehmen, ausdrücklich oder implizit, Gewähr für den Inhalt des Werkes, etwaige Fehler oder Äußerungen. Der Verlag bleibt im Hinblick auf geografische Zuordnungen und Gebietsbezeichnungen in veröffentlichten Karten und Institutionsadressen neutral.

Planung/Lektorat: Angela Meffert
Springer Gabler ist ein Imprint der eingetragenen Gesellschaft Springer Fachmedien Wiesbaden GmbH und ist ein Teil von Springer Nature.
Die Anschrift der Gesellschaft ist: Abraham-Lincoln-Str. 46, 65189 Wiesbaden, Germany

Wenn Sie dieses Produkt entsorgen, geben Sie das Papier bitte zum Recycling.

Wie Ihnen dieses Buch beim nachhaltigen Wirtschaften helfen wird

- **Nachhaltigkeit dauerhaft implementieren:** Unsere Publikation zeigt auf, wie Sie effektiv Nachhaltigkeit in Ihre Strategien integrieren können.
- **Nachhaltige Transformation verstehen:** Wir beschreiben anhand von Beispielen, wie nachhaltige Innovation in Verbindung mit Ihrer Unternehmensstrategie besser gelingt.
- **Nachhaltigkeitskommunikation als Treiber:** Wir erläutern, wie Sie Innovationsprozesse mit Kommunikation sinnvoll begleiten und dabei Greenwashing vermeiden können.
- **Innovationsprozesse gestalten:** Zuletzt zeigen wir auf, welche Prozesse notwendig sind, damit die nachhaltige Transformation in Unternehmen gelingen kann.

Vorwort der „Edition Nachhaltig wirtschaften"

Liebe Leserin, lieber Leser,

ich begrüße Sie als Herausgeber der „**Edition Nachhaltig wirtschaften**" ganz herzlich. In dieser Reihe beleuchten wir die **Notwendigkeit einer nachhaltigen Unternehmensführung** in allen ihren relevanten Aspekten. Aus verschiedenen Perspektiven wird deutlich, dass ein nachhaltiges Agieren weit über ein bloßes Profitstreben hinausgeht. Unternehmen sind heute aus gesellschaftlichen, rechtlichen und zunehmend auch wirtschaftlichen Gründen dazu aufgefordert, gleichzeitig eine **ökologische, soziale und ökonomische Nachhaltigkeit** ihres Handelns sicherzustellen.

In dieser Edition wird eine Vielzahl von Themenbereichen abgedeckt. Diese ranken sich um **grüne Technologie** bis zu **nachhaltigen Unternehmensstrategien**, um die Potenziale der **Kreislaufwirtschaft** zu erschließen. Weitere Werke widmen sich den Themen **Green Marketing** und **Green Branding**. Hierzu werden auch die **psychologischen Grundlagen** beleuchtet, die für einen Bewusstseins- und Verhaltenswandel wichtig sind. Zusätzlich werden Fragen der **Wirtschaftsethik** sowie des **Green Controllings** angesprochen. Darüber hinaus wird diskutiert, wem bei der nachhaltigen Transformation eine besondere Verantwortung zukommt: einem **Chief Sustainability Officer**.

Unsere Welt steht vor großen Herausforderungen! Hier ist an den Klimawandel, soziale Ungleichheiten und die Endlichkeit unserer Ressourcen zu denken. Die Unternehmen spielen bei der Bewältigung dieser Probleme eine entscheidende Rolle. Eine **nachhaltige Unternehmensführung** ist nicht nur ein Imperativ für das Überleben der Unternehmen selbst, sondern sie ist auch für das Überleben der Menschheit unverzichtbar. Die **Zukunft unseres Planeten** hängt davon ab, wie wir heute wirtschaften. Daher hoffen wir, dass diese Edition Sie dazu inspiriert, aktiv an der Gestaltung einer nachhaltigeren Wirtschafts- und Unternehmenslandschaft mitzuwirken. Mit diesem Wissen sind Sie gut gerüstet, um einen positiven Einfluss auf unsere gemeinsame Zukunft auszuüben.

Ich wünsche Ihnen viel Lesespaß – und vor allem ein gutes Händchen bei der Umsetzung!

Ihr

Berlin, Deutschland   Ralf T. Kreutzer

Vorwort

Stellen Sie sich ein Prisma vor, auf das ein Lichtstrahl trifft. Vielleicht haben Sie einen geschliffenen Briefbeschwerer aus Glas, an dem Sie das beobachten können. Vielleicht haben Sie letztens im Garten gesehen, wie ein Wassertropfen auf einem Blatt einen ganzen Regenbogen gefangen zu halten schien. Denn das passiert, wenn das Licht gebrochen wird: Es fächert sich auf in seine Bestandteile, strahlt in den kräftigsten Farben und entfaltet dabei eine faszinierende Wirkung.

Einmal Input, viele intensive Ergebnisse, die selbst bei näherer Betrachtung ihre Strahlkraft nicht verlieren und zusammen ein wirkungsvolles Bild formen – was wäre, wenn das auch im Unternehmen funktionierte, und zwar bei einer der größten Herausforderungen, vor denen KMUs aktuell stehen: dem nachhaltigen Wirtschaften? In diesem Buch zeigen wir Wege auf, wie Sie effektiv und wirkungsvoll Strategien entwickeln und Ihr Unternehmen glaubhaft und authentisch strahlen lassen.

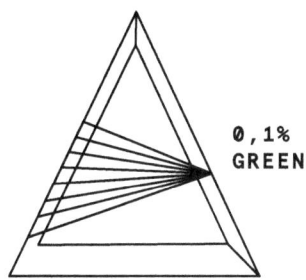

Doch schauen wir uns zunächst kurz an, wie es um das nachhaltige Wirtschaften in KMUs in Deutschland steht. In einer der letzten umfassenden Analysen untersuchte die TU Dresden im Jahr 2021 in drei unterschiedlich streng bewerteten Szenarien die deutsche Wirtschaft und kam dabei im ersten Szenario auf einen Anteil von nur etwa 0,15 % an Unternehmen, die wirklich nachhaltig wirtschaften.[1] Nun sind drei Jahre gerade in unseren schnelllebigen Zeiten relativ lang – zumal das Thema, wie eine aktuelle Studie aus der Ernährungsbranche zeigt,[2] jährlich an Bedeutung gewinnt. Dennoch haben nur etwas mehr als die Hälfte der in jener Studie aus dem Jahr 2024 befragten Unternehmen eine Nachhaltigkeitsstrategie entwickelt.

Das wird sich natürlich bald ändern. Denn die gesetzlichen Vorgaben rund um die EU-Taxonomie bringen das Thema in sämtliche Führungsebenen, wo es zunehmend Priorität gewinnt. Und das mit Macht: Viele Führungskräfte oder Nachhaltigkeitsmanager*innen zweifeln oder verzweifeln bereits an den Regulierungen und dem bürokratischen Aufwand, der damit verbunden ist. Doch als Berater und Lehrende erleben wir auch immer mehr Unternehmer*innen, die – angetrieben durch ihr positives Weltbild, persönliche Motive oder auch wirtschaftliche Interessen – nachhaltige Innovationen und Managementansätze entwickeln, die ihr Unternehmen, aber auch unsere Gesellschaft voranbringen. Uns interessiert, wie diese ihr Unternehmen auf Basis ihrer Nachhaltigkeitsstrategie zum Erfolg führen, wie sie Innovationen fördern, ihre Ziele und Methoden kommunizieren – und damit ihre Marke stärken.

Auf Basis unserer Recherchen entwickeln wir schließlich ein Modell, mit dem Sie Unternehmensstrategie, Markenstrategie und Nachhaltigkeitsstrategie effizient kombinieren können. Wir zeigen, wie Markenführung und Innovation in verknüpfter Form mehr Nachhaltigkeit in Unternehmen erzeugen und welch schmaler Grat oft zwischen Green Marketing und Greenwashing liegt. Wir analysieren die Bedeutung von ganzheitlicher Markenführung und daran gekoppelten Innovationsprozessen und zeigen auf, wie Unternehmen daraus wirtschaftlichen Erfolg erzeugen und nachhaltiger agieren können.

---

[1] Sassen R, Goll A, Müller R, Schöpflin L, Clausen J (2021) Der Stand nachhaltigen Wirtschaftens in Deutschland. Herausgegeben vom Rat für Nachhaltige Entwicklung. Berlin. https://www.nachhaltigkeitsrat.de/wp-content/uploads/2021/05/2105012_Studie_Stand_nachhaltiges_Wirtschaften_Deutschland.pdf, Zugegriffen: 15. Juli 2024, S. 6.

[2] Petersen J, Havermann C (2024) Den Berg bezwingen – Die Transformation zur Nachhaltigkeit in der Ernährungsindustrie. Herausgegeben von RSM Ebner Stolz. Köln. https://www.ebnerstolz.de/de/1/3/7/9/3/6/Den_Berg_bezwingen.pdf Zugegriffen: 15. Juli 2024, S. 10.

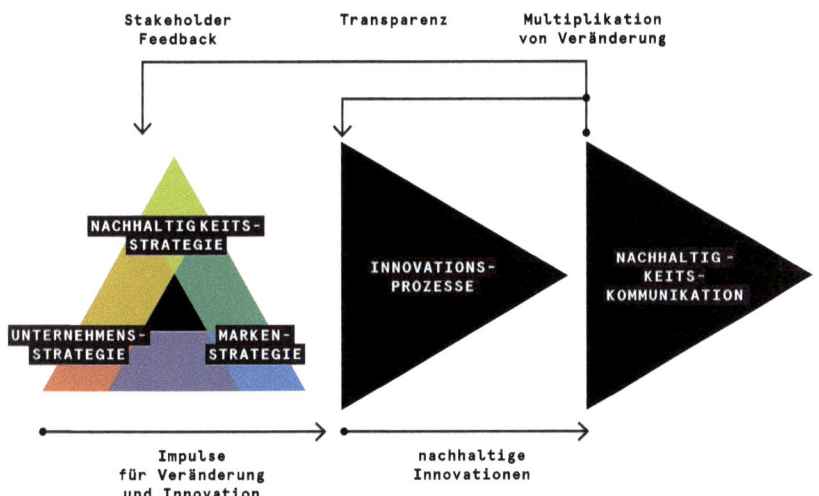

Außerdem beschreiben wir die theoretische Basis für ganzheitliche Markenführung und damit verbundene Innovationsprozesse und unterlegen diese mit mehreren Cases aus Unternehmen. Wir stellen Methoden und Tools vor, die Handlungsimpulse für die eigene Markenkommunikation im Zusammenspiel mit Innovationsmanagement und Nachhaltigkeitsstrategie geben.

Nach der Lektüre werden Sie in der Lage sein, mit gezieltem Input (siehe Lichtstrahl) gleich mehrere strategische Wege zu definieren (siehe Farbauffächerung beim Prisma), die zusammengenommen Ihr Unternehmen in ein neues Licht stellen. Und dass es hier und da nicht geht, ohne um die Ecke zu denken, eingetretene Pfade zu verlassen und die Richtung zu ändern, versteht sich von selbst.

In unserer Publikation zeigen wir auf, wie

- Sie effektiv zu Ihrer Nachhaltigkeitsstrategie gelangen,
- nachhaltige Innovation in Verbindung mit Ihrer Unternehmensstrategie besser gelingt,
- Sie Greenwashing vermeiden können – und trotzdem durch Kommunikation Ihren Innovationsprozess begleiten und fördern können.

Berlin, Deutschland	Christian Schlimok
Im Herbst 2024	Bastian von Lehsten

Inhaltsverzeichnis

1 **So wird Ihre Marke zum Innovationsmotor Ihres Unternehmens** 1
   1.1 Wie Nachhaltigkeit zum Kern der Marke vordringt 1
   1.2 Grüner wird's nicht? Problem Greenwashing 3
   1.3 Wie Nachhaltigkeit Innovation und Transformation inspiriert 6
   Literatur 11

2 **Markenführung und Nachhaltigkeitsstrategie verbinden** 13
   2.1 Die Nachhaltigkeitsstrategie – ein kurzer Blick auf's Wesentliche ... 13
   2.2 Markenführung, SDGs und Wesentlichkeitsanalyse zusammen denken 18
   2.3 Prozesse der Markenentwicklung, Unternehmensstrategie und Nachhaltigkeitsstrategie verbinden 20
   Literatur 24

3 **Über das Zusammenspiel von Marken-, Nachhaltigkeits- und Innovationsmanagement** 25
   3.1 Wie Innovationsprozesse und Nachhaltigkeitskommunikation zusammenspielen 25
   3.2 Was sind passende Innovationsformate – und wie könnte ein entsprechender Prozess aussehen? 31
   3.3 Wie lassen sich Innovationsthemen rund um Nachhaltigkeit ins Marketing übertragen?. 36
   Literatur 38

4 Beispiele aus der Praxis 39
    4.1   Sonderfall Lebensmittelbranche – eine Einführung 39
    4.2   BettaF!sh: Der bessere Fisch wird aus Algen gemacht. 41
    4.3   Florida-Eis: Von der Eisdiele in Spandau zum Musterbetrieb
          der Bundesregierung. 45
    4.4   Melitta Gruppe: Bis heute inspiriert die Gründerin 49
    Literatur 53

5 Zusammenfassung und Ausblick. 55

Nachhaltige Erkenntnisse 59

Stichwortverzeichnis 61

Über die Autoren

Christian Schlimok ist geschäftsführender Gesellschafter der Novamondo GmbH und Gründer der Novisio GmbH. Er unterrichtet an der HWR Berlin Marketing, strategisches Design und Innovation rund um Herausforderungen unternehmerischer Nachhaltigkeit. In diesen Feldern berät er auch internationale Kund*innen, hält regelmäßig Vorträge und publiziert Beiträge in Büchern und Zeitschriften sowie wissenschaftliche Studien.

Bastian von Lehsten ist geschäftsführender Gesellschafter der Novamondo GmbH und Gründer der Novisio GmbH. Er ist Designer und berät in den Bereichen strategisches Design, Markenkommunikation, Nachhaltigkeitskommunikation und Nachhaltigkeitsstrategie internationale Kund*innen.

Die Novamondo GmbH ist ein kreatives Beratungsunternehmen, das Städte, Universitäten, gemeinwohlorientierte Organisationen und innovative Unternehmen seit mehr als 20 Jahren in Veränderungsprozessen und bei der Markenentwicklung begleitet.

Die NOVISIO GmbH unterstützt visionäre Organisationen dabei, komplexe Herausforderungen im Zusammenhang mit ihrer nachhaltigen Transformation zu bewältigen. Dafür stellt NOVISIO gezielt interdisziplinäre Experten-Communities zusammen, die gemeinsam mit den Organisationen durch einen moderierten, ergebnisorientierten Co-Innovationsprozess geführt werden.

So wird Ihre Marke zum Innovationsmotor Ihres Unternehmens

1.1 Wie Nachhaltigkeit zum Kern der Marke vordringt

„What is going to happen to brands and branding? Is it all over?" (Olins 2014, S. 6) Vorbei scheinen der Hedonismus und die ungehemmte Konsumkultur der 1980er- und 1990er-Jahre. In den 2000er-Jahren hinterfragen die westlichen Gesellschaften ihr globales Handeln – speziell auch das von Unternehmen –, streben nach Verantwortung, suchen nach Sinn. Soziale, ökologische und wirtschaftliche Nachhaltigkeit werden zu Leitprinzipien für Topmanagement und Führungskräfte – und durch Gesetze und Regulierungen in der westlichen Wirtschaft fest verankert.

Nachhaltiges Praxisbeispiel

Einer unserer ersten Kunden, die bereits zu einem relativ frühen Zeitpunkt das Thema Nachhaltigkeit in ihrer Marke widerspiegelten, ist eine Berliner Handelsgesellschaft für Lebensmittel. Ihre Gründer wollten nach dem Fall der Mauer die alten Versorgungskanäle ins Umland, von denen ein Teil der Stadt lange abgeschnitten war, für ganz Berlin wiederherstellen. Was auf den Bauernhöfen Brandenburgs geerntet und geschlachtet wurde, sollte schnellstmöglich in die Hauptstadt gelangen. „Kurze Wege", so das Konzept, das zunächst aus vorwiegend ökonomischen Beweggründen entstand – und wenig später auf eine starke Nachfrage traf. Werden lange Transporte gespart, schont das nämlich nicht nur die Umwelt, sondern auch die Produkte. Viele renommierte Sterneköche vertrauen heute dem lokalen Lebensmittellieferanten und schätzen dessen Expertise in Service, Logistik und Qualität. Über das Geschäftsmodell zu einem nachhaltigen Unternehmen – manchmal ist der Zugang zum Thema so einfach. ◄

© Der/die Autor(en), exklusiv lizenziert an Springer Fachmedien Wiesbaden GmbH, ein Teil von Springer Nature 2024
C. Schlimok, B. von Lehsten, *Durch Markenführung und Innovation zu mehr Nachhaltigkeit im Unternehmen*, Edition Nachhaltig wirtschaften,
https://doi.org/10.1007/978-3-658-46117-1_1

Bei anderen Unternehmen sind es die Kund*innen und Partner*innen, die Nachhaltigkeit von Produkten und Leistungen fordern und somit die Unternehmen zum Umdenken zwingen. Oft aber kommt der Wunsch, nachhaltiger zu agieren, von den Unternehmenden und Mitarbeitenden selbst – und das in sämtlichen Branchen. Auch in unserer Markenagentur fragten wir uns vor ein paar Jahren, wie wir nachhaltiger wirtschaften könnten, und stellten gemeinsam mit unserem Team – inspiriert von den Sustainable Development Goals (SDGs) der Vereinten Nationen – eigene Ziele auf. Daneben begannen wir mit kleinen Schritten: Wir sparten Energieaufwände ein, beschäftigten uns mit nachhaltiger Produktion, führten mit dem gesamten Team einen Thementag Nachhaltigkeit durch und entwickelten peu à peu weitere Maßnahmen.

Inzwischen ist das Streben nach mehr Nachhaltigkeit für viele Unternehmen auch aus gesetzlicher Perspektive zwingend notwendig: So hebt die EU die ökologische Transformation mit dem „Green Deal", der damit verbundenen Taxonomie, auf höchste gesetzliche Ebene und ins unternehmerische Bewusstsein – mittels Maßnahmen zur Förderung der Ressourceneffizienz, Wiederherstellung der Biodiversität und Verringerung der Umweltverschmutzung soll die EU bis 2050 klimaneutral werden. Und die SDGs und ESG (Environmental Social Governance) bieten einen Rahmen, auf den sich immer mehr Organisationen und Unternehmen in ihrer Zielausrichtung beziehen.

Mit der Corporate Sustainability Reporting Directive (CSRD), der EU-Richtlinie zur Unternehmens-Nachhaltigkeitsberichterstattung (vgl. BMAS 2023), wurde 2023 eine verbindliche Form für den Nachweis von unternehmerischer Nachhaltigkeit geschaffen, die sich ganzheitlich auf die Wirkungsfelder größerer Unternehmen, aber auch immer kleinerer und mittlerer Unternehmen (KMU) bezieht. Letztere stehen mit den „Großen" etwa über Lieferketten in Beziehung.

Die CSRD verändert die Art und Weise, wie Unternehmen über ihre Nachhaltigkeitspraktiken berichten müssen, und verpflichtet immer mehr Unternehmen, Rechenschaft abzulegen. Um vergleichbar und transparent zu werden, müssen Unternehmen detaillierter und nach einheitlichen Standards berichten. Dabei umfassen die Berichte sowohl die Auswirkungen des Geschäftsbetriebs auf Mensch und Umwelt als auch die Nachhaltigkeitsaspekte auf das Unternehmen selbst (doppelte Wesentlichkeit) siehe hierzu auch Kap. 2.

Somit führt heute kaum mehr ein Weg am Nachweis der Nachhaltigkeit des eigenen Unternehmens vorbei. Dies gilt in besonderem Maße für Unternehmen, die Nachhaltigkeit zum Teil der eigenen Außendarstellung machen möchten oder vielleicht sogar aufgrund von gesetzlichen Vorgaben müssen.

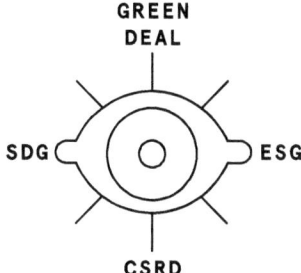

Green Deal, ESG, SDG, CSRD – so divers wie die verschiedenen Leitlinien, Papiere und Ziele, so komplex ist das gesamte Thema Nachhaltigkeit. Wer sich intensiv damit auseinandersetzt, sieht sich schnell neuen Herausforderungen gegenüber, erkennt verschiedenste Abhängigkeiten und neue Probleme. Wo anfangen? Wie lassen sich die Komplexität verstehen, die Abhängigkeiten durchdringen und wirksame Maßnahmen erschließen? Tatsächlich sind das keine leichten Aufgaben. Nachhaltigkeit, so haben auch wir schnell gelernt, verträgt keine simplen Lösungen – selbst in der Kommunikation nicht.

Im Jahr 2024 werden sich diese Herausforderungen für Marken und deren Kommunikation weiter verschärfen, wenn zusätzliche Vorgaben der CSRD in Unternehmen umgesetzt werden müssen – inklusive deutlich strengerer Vorschriften zum fundierten Beleg der eigenen Nachhaltigkeit im Unternehmen, um Greenwashing zu unterbinden.

1.2 Grüner wird's nicht? Problem Greenwashing

Greenwashing, so könnte man meinen, sei eine rein sprachliche Weiterentwicklung des englischen „Whitewashing" für Schönfärberei. Tatsächlich aber hatte es wörtlich mit Wäschewaschen zu tun, als der Begriff erstmals die Runde machte: In einem Essay von 1986 kritisierte der Umweltaktivist Jay Westerveld die damals aufgekommene Praxis von Hotels, ihre Gäste über Aufsteller, Aufkleber oder die Gästemappe aufzufordern, die Handtücher bitte mehrfach zu benutzen, um Wasser zu sparen und damit die Umwelt zu schonen. Das habe wenig mit echtem Umweltbewusstsein zu tun, kritisierte Westerveld, sondern sollte vielmehr die Betriebskosten senken und das Image des Hotels verbessern (Orange und Cohen 2010).

Seitdem bezeichnet Greenwashing die Praxis von Unternehmen, ihre Produkte oder ihre Marke als umweltfreundlich darzustellen, ohne wirklich substanzielle ökologische Maßnahmen umzusetzen. Irreführende Informationen dienen dazu, ein positives Image zu erzeugen und darüber mehr Profit zu generieren. Denn Nachhaltigkeit zieht: So können etwa Umweltclaims die positive Einschätzung eines Produkts verdoppeln (vgl. BMUV 2024). Leider sorgen sie bei genauerer Betrachtung aber oft für Verwirrung: Laut einer Studie der EU von 2020 wurden 53,3 % der umweltbezogenen Angaben bei Produkten oder Dienstleistungen als potenziell irreführend eingestuft und 40 % als schlichtweg substanzlos (vgl. Europäische Kommission 2022, S. 10).

Wird die Mogelpackung publik, geht es an die Substanz: Denn wenn Verbraucher*innen und Investor*innen erkennen, dass die nachhaltigen Versprechen nicht eingehalten werden, führt dies zu einem massiven Vertrauensverlust. Nachhaltig ist dann vor allem die Schädigung von Ruf und Ansehen. Die Folge: Kund*innen wenden sich ab und Investor*innen ziehen ihr Kapital ab.

▶   **Nachhaltig merken**   In einer Zeit, in der Transparenz und Ehrlichkeit zunehmend an Bedeutung gewinnen, wird Greenwashing somit zu einem riskanten und kontraproduktiven Unterfangen für Unternehmen, das ihre langfristige Wettbewerbsfähigkeit gefährden kann. Selbst wenn Sie Ihr Unternehmen als umweltfreundlich definieren, sollten Sie daher regelmäßig kritisch hinterfragen, ob dem tatsächlich so ist.

Nachhaltiges Praxisbeispiel

Unser Kunde aus dem Lebensmittelhandel hatte z. B. neben den „kurzen Wegen", mit denen alles begann, auch „lange Wege". Denn ins Sortiment wurde der feine Hummer aus Frankreich wie das Spitzenrind aus Argentinien aufgenommen. Die Transportwege sind dann natürlich alles andere als klimafreundlich. Als lokaler Lieferant ausschließlich regionaler Produkte konnte sich unser Kunde also nicht darstellen. Was tun? Wir empfahlen Offenheit und Transparenz. Statt der aus-

1.2 Grüner wird's nicht? Problem Greenwashing

schließlichen Regionalität rückte die erstklassige Herkunft und Nähe zu den Produzierenden in den Fokus. Entsprechende Mittel der Kommunikation halfen, um nach außen präzise zu sein und keine falschen Erwartungen zu wecken. ◄

Inzwischen ist die Frage, ob die kommunizierte Nachhaltigkeit auch tatsächlich vorliegt, keine freiwillige mehr. Seit 2023 geht die EU-Richtlinie über Nachweisbarkeit und Kommunikation umweltbezogener Produktangaben, die sogenannte „Green Claims Directive" (vgl. Europäische Kommission 2023), gegen Greenwashing vor. Der Richtlinienvorschlag nimmt alle Unternehmen in die Pflicht, deren Angaben über die Umweltauswirkungen nicht bereits durch Vorschriften anderer EU-Regelwerke reguliert sind. Bezeichnungen wie „klimaneutral", „grün" oder „ozeanfreundlich" müssen durch wissenschaftliche Erkenntnisse belegt sein und dürfen nur verwendet werden, wenn die umweltbezogenen Vorteile über die gesetzlich erforderlichen Anforderungen hinausgehen – bloße Standards sind nicht erwähnenswert. Auch darf mit positiven Umwelteinflüssen nicht geworben werden, wenn diese durch negative Nebeneffekte ohnehin wieder revidiert werden – die Verbraucher*innen müssen über die gesamte Umweltbilanz informiert werden.

Aber wer kontrolliert das alles? Einer akkreditierten Prüfungsstelle („Verifier") sind sämtliche Angaben und Nachweise vor der Veröffentlichung vorzulegen, damit sie diese prüfen und eine Konformitätsbescheinigung ausstellen kann. Danach sind alle Angaben im Sinne der Nachhaltigkeit regelmäßig zu aktualisieren und spätestens nach fünf Jahren zu überprüfen. Wer dennoch „Greenwashing" betreibt, muss etwa mit Bußgeldern (Höchstbetrag von mindestens vier Prozent des Jahresumsatzes des Unternehmens) und der Veröffentlichung von Verstößen rechnen („Naming und Shaming"). Auch droht der Ausschluss von öffentlichen Ausschreibungen und Unterstützungsleistungen für bis zu zwölf Monate. Ausgenommen sind Kleinstunternehmen, die weniger als zehn Angestellte haben und deren jährlicher Umsatz zwei Millionen Euro nicht überschreitet.

Die Nachhaltigkeitsberichterstattung muss künftig also ebenso wie die Finanzberichterstattung extern geprüft werden. Hierfür legt die EU-Kommission Prüfstandards fest. Als „Schauseite" der Organisation (Grubendorfer und Ackermann 2023, S. 251) sollen Marken zwar immer schon die Funktion erfüllen, Organisationen mit einem positiven Vorstellungsbild im Verhältnis zu manch kritischeren Innenansichten zu assoziieren. In einer digitalisierten und globalisierten Welt, in der aber transparenter geworden ist, welche tatsächliche Wirkung und welchen „Fußabdruck" Unternehmen hinterlassen, wird auch der Anspruch an Marken, ein glaubwürdiges Bild (oder Image) zu erzeugen, deutlich höher.

Ein probates Mittel für die Dokumentation der eigenen Bemühungen ist bekanntlich der Nachhaltigkeitsbericht. Dieser lässt sich aber nicht nur dafür nutzen, die gesetzlichen Anforderungen zu erfüllen, sondern dient auch auf hervorragende Weise dazu, die eigenen Geschichten zu erzählen und die Außenwahrnehmung zu stärken.

▶ **Nachhaltig merken** So, wie in den 1990er-Jahren der Geschäftsbericht plötzlich als Instrument für Storytelling und Unternehmenskommunikation entdeckt wurde, erfüllt jetzt der Nachhaltigkeitsbericht eine ähnliche Image-bildende Funktion.

Wie Unternehmen diese noch recht junge Disziplin der Außenkommunikation nutzen und von ihr profitieren, zeigt jährlich der Building Public Trust Award. Der Preis der Wirtschaftsprüfungsgesellschaft PwC wird seit 2016 an Unternehmen verliehen, deren Geschäfts- und Nachhaltigkeitsberichte besonders glaubwürdig und transparent über die Nachhaltigkeitsbemühungen informieren. Eine unabhängige Jury aus Expert*innen aus Industrie, Forschung und Entwicklung kürt die Gewinner*innen und berücksichtigt dabei quantitative und qualitative Bewertungskriterien (wie die Zuverlässigkeit und Vollständigkeit der Informationen). Die Deutsche Telekom hat den Award bereits drei Mal bekommen. Auch BMW, Robert Bosch GmbH und Rewe konnten mit ihren Erzählungen aus verschiedenen Perspektiven überzeugen.

▶ **Nachhaltig handeln** Sie tun also gut daran, Nachhaltigkeitsberichterstattung nicht nur als lästige Pflicht zu betrachten, sondern auch als wertvolles Instrument, um Ihre Nachhaltigkeitsbemühungen authentisch, glaubwürdig und emotional zu kommunizieren und ihre Marke zu stärken.

1.3 Wie Nachhaltigkeit Innovation und Transformation inspiriert

Wenn Nachhaltigkeit als ganzheitlicher Begriff beleuchtet wird, verbirgt sich dahinter eine strukturelle Fragestellung: Inwieweit schafft es eine Organisation oder ein Unternehmen, sich neben den eigenen ökonomischen Zielen wie Umsatz und Gewinn verantwortungsvoll gegenüber den umliegenden Menschen und der Umwelt zu verhalten? Oder wie kann die Unternehmensführung grundsätzlich verändert werden, indem der Fokus anders ausgerichtet wird?

Hierzu gibt es zahlreiche (theoretische) Ansätze. Einer davon ist die „Triple Top Line", die 2002 von dem Verfahrenstechniker und Chemiker Michael Braungart und dem Architekten William McDonough entwickelt wurde (vgl. Lexikon der Nachhaltigkeit 2015). Im Gegensatz zur traditionellen „Triple Bottom Line", die sich auf die gleichwertige Berücksichtigung von sozialen, ökologischen und ökonomischen Aspekten bei Unternehmensentscheidungen konzentriert, zielt die „Triple Top Line" darauf ab, Produkte und Geschäftsmodelle so zu gestalten, dass sie von Anfang an positive Auswirkungen auf Menschen, den Planeten und unseren Wohlstand haben – verkürzt spricht man hier auch gern von den drei P für People, Planet und Prosperity.

Unternehmen, so wünscht es der Ansatz, sollen Produkte und Dienstleistungen entwickeln, die gesund für Mensch und Umwelt, unendlich wiederverwendbar oder biologisch abbaubar sind – und gleichzeitig wirtschaftlichen Gewinn bringen. Die „Triple Top Line" ist eng mit dem Cradle-to-Cradle-Ansatz vgl. (Cradle to Cradle NGO o. J.) verbunden, der diese Prinzipien operationalisiert. Cradle to Cradle sieht Produkte als „Nährstoffe" für zukünftige Produktionszyklen, wobei im Idealfall alle Materialien entweder in biologische Kreisläufe zurückgeführt oder in technischen Kreisläufe wiederverwendet werden.

Um Perspektiven wie diese in der Unternehmensführung einzunehmen und entsprechend zu handeln, ist ein Wandel in der Kommunikationsstruktur der Organisation unerlässlich. Nicht nur gegenüber Mitarbeitenden, Kund*innen und wirtschaftlichen Kooperationspartner*innen, die den wirtschaftlichen Profit des Unternehmens direkt beeinflussen können, muss eine Öffnung erfolgen. Erhöhte Aufmerksamkeit sollte auch denjenigen gelten, die zunächst weniger Macht haben, aber trotzdem zur wirtschaftlichen Wertschöpfung dauerhaft beitragen. Das können Arbeitskräfte in Lieferketten in entfernten Regionen der Welt sein, aber auch andere benachteiligte Personengruppen sowie Tiere und Pflanzen – alles Stakeholder*innen, die in vielen Organisationen als zweitrangig bewertet werden.

Ein zweites Umfeld an Menschen, denen in der Hektik des auf Effizienz fokussierten unternehmerischen Alltags leider zu selten Gehör geschenkt wird, sind

Wissenschaftler*innen, die sich tiefgreifend mit komplexen Fragestellungen rund um Nachhaltigkeit beschäftigen. Die damit verbundenen Erkenntnisse betreffen oft auch Unternehmen und korrelieren mit deren Forschungsfragen.

▶ **Nachhaltig handeln** All diesen Beteiligten Aufmerksamkeit zu schenken und selbstreflektiert im Sinne des Gemeinwohls zu handeln, ist ein Anspruch an Führungskräfte, aber auch Mitarbeitende von Organisationen, die in Richtung Nachhaltigkeit streben. Nur so ist trotz zunehmender Komplexität und Perspektivenvielfalt die Möglichkeit zur tatsächlichen unternehmerischen und damit verbundenen gesellschaftlichen Transformation gegeben. Dass dieser Wandel eine große Herausforderung ist und auch existenzielle unternehmerische Fragen mit sich bringt, steht außer Frage.

Um Stakeholder*innen effektiv einzubeziehen, müssen Werte wie Offenheit und Vielfalt in der Organisation gestärkt, wenn nicht gar erst etabliert werden – verbunden mit einer klaren Definition, was diese für die Organisation bedeuten. Eine solche Einbindung kann über die Markenwerte erfolgen und durch Formate unterstützt werden, die eine aktive Beteiligung unterschiedlicher Stakeholder*innen fördern. Doch welche Formate passen zu der Organisation und ihren Mitarbeitenden – und nicht zuletzt zu Arbeitspensum und -kultur? Von partizipativen und ko-kreativen Strategieprozessen, Workshops und Interviews bis zu regelmäßigen Arbeitskreisen oder Circles, die sich mit der geteilten Bedeutung von Werten in einer Organisation beschäftigen, ist hier vieles möglich – Hauptsache, es passt in den Kontext Ihres Unternehmens.

Eine weitere Dimension von Nachhaltigkeit, die unternehmerisches Handeln beeinflussen sollte, ist die zeitliche Perspektive mit dem übergeordneten Anspruch, möglichst im Sinne von Folgegenerationen zu agieren und regenerative oder zirkuläre Wirtschaftssysteme zu schaffen, die im Idealfall dem endlichen Verbrauch von natürlichen Ressourcen und Materialien entgegenwirken. Dies geschieht, indem z. B. in der Produktion stärker auf nachwachsende Rohstoffe, intelligente Materialien oder regenerative Formen der Rohstoff- und Energiegewinnung zurückgegriffen wird – ein manchmal widersprüchlich wirkendes Unterfangen in Zeiten von Rohstoffmangel und Energieknappheit. Diese Konflikte zeigen sich verschärft in vielen Ländern als Folgen der Pandemie und der Ukrainekrise.

In der Kommunikation wird der zeitliche Aspekt gern über Transformationspfade visualisiert. Denn diese Zeitleisten in die Zukunft sind anschaulich und vermitteln auf einen Blick, wo es hingehen soll und welche Maßnahmen zum Ziel führen. Sie schaffen Motivation und Perspektive für Kund*innen, Partner*innen und andere Stakeholder*innen. Sie helfen, die Akzeptanz und Unterstützung für notwendige Veränderungen zu erhöhen und Vertrauen aufzubauen. Problematisch werden solche

1.3 Wie Nachhaltigkeit Innovation und Transformation inspiriert

vereinfachten Darstellungen allerdings dann, wenn die angekündigten Etappen nicht wie geplant erreicht werden. Manche Unternehmen neigen dazu, ihre Pläne zu übertreiben und ihre Versprechen am Ende nicht zu halten. Werden unrealistische Transformationspfade in die Kommunikation einbezogen, ist dies besonders kritisch.

▶ **Nachhaltig merken** Der Transformationspfad muss daher mit einer differenzierten Perspektive auf die Zukunft entwickelt werden. Die konkreten Zwischenschritte sollten faktisch möglich und möglichst konkret sein. Prognosen sollten auf Daten basieren, die mathematisch nachvollziehbar und somit wissenschaftlich sind. Mit dem Blick auf die Unsicherheiten in Zukunftsprognosen gilt es, keine übertriebenen Versprechen zu machen, sondern realistische Ziele zu setzen.

Nachhaltiges Praxisbeispiel

Wie ein solcher Pfad zum Kern der Nachhaltigkeitskommunikation werden kann, haben wir bei unserem Kunden aus dem Fernwärmebereich gesehen. Auf einer Fläche so überschaubar wie der Pariser Platz vor dem Brandenburger Tor produziert das Fernheizwerk seit mehr als 100 Jahren Wärme für den Stadtbezirk. In den bewegten Zeiten des Ukraine-Kriegs und der Energiewende suchten wir gemeinsam mit dem Unternehmen nach neuen Wegen der Kommunikation und Transparenz. Ein wesentliches Element war ein Transformationspfad, der die konkreten Schritte bis zum Ausstieg aus der Kohle und darüber hinaus detailliert aufzeigt. Das Unternehmen hatte sehr konkrete Pläne (wie etwa den Einbau einer Großwärmepumpe und den Bau von Berlins größtem Wärmespeicher) – der Zeitstrahl in die kohlefreie Zukunft wurde für alle nachvollziehbar. ◀

Papier ist bekanntlich geduldig – Stakeholder*innen sind es nicht. Wenn einzelne Schritte nicht wie geplant erreicht werden, steht schnell das Vertrauen der Kund*innen und Partner*innen auf dem Spiel. Daher ist es unerlässlich, sich an seinen eigenen Zielen messen zu lassen – fordern Sie ruhig ein, dass man Sie kontrolliert, und legen Sie Rechenschaft ab, wie weit sie im Plan sind. Nennen Sie Gründe, wenn einzelne Etappen in die Ferne gerutscht sein sollten. Für vieles können Kund*innen und andere Beteiligte Verständnis aufbringen – erst recht, seit Pandemien, Kriege und Krisen die Ordnung regelmäßig durcheinanderbringen. So hatte auch unser Kunde seinen Transformationspfad zu revidieren, bevor wir die neue Website überhaupt launchen konnten: Mit der Energiekrise durch den Ukraine-Krieg waren die geplanten Schritte nicht mehr machbar. „Wir müssen neu denken" – so die Message nach außen, die zu diesem Zeitpunkt jede*r verstand.

In Zeiten hoher Unsicherheit kann die Unternehmensspitze dazu tendieren, der Wirtschaftlichkeit des eigenen Unternehmens eine maximale Bedeutung zuzumessen.

Nach dem Motto „Ohne Umsätze überleben wir nicht" kann der Eindruck in Unternehmen entstehen, dass alles Handeln und Tun maximal profitabel sein muss. Als Basis der unternehmerischen Existenz sind Umsätze sicher essenziell, um Löhne zu bezahlen und das Unternehmen am Laufen zu halten. Wer aber Innovation und Forschung in Krisenzeiten keine Spielräume im unternehmerischen Alltag lässt, verbaut sich nicht nur Chancen für die Zukunft, sondern verpasst auch Möglichkeiten, sich in härter umkämpften Märkten durch Differenzierung gegenüber Konkurrent*innen durchzusetzen und Krisen zu meistern.

Innovationen können sich nach außen z. B. auf neue Angebote und Produkte beziehen, nach innen auf Organisationsentwicklung, Prozesse und Kultur, um Unternehmen und deren Teams im Sinne von verbesserter Zusammenarbeit schlagkräftiger zu machen. In all diesen Bereichen kann soziale und ökologische Nachhaltigkeit wirken und Lösungen erzeugen, die einen längeren Bestand haben, weil sie reflektierter und durchdachter sind und mit den Bedürfnissen der Stakeholder*innen und den Anforderungen bezüglich Umweltschutz abgeglichen sind.

Das zahlt sich aus: Eine Studie des AIT Austrian Institutes of Technology gemeinsam mit dem ZEW – Leibniz-Zentrum für Europäische Wirtschaftsforschung (vgl. AIT Austrian Institute of Technology 2023) zeigt, dass innovative Unternehmen resilienter sind und deutlich weniger unter den Folgen einer Wirtschaftskrise leiden als Unternehmen ohne neue Produkte. Der Grund: Innovationen helfen, Umsatzrückgänge bei bestehenden Produkten auszugleichen. Zu einem ähnlichen Ergebnis kommt die Studie „Die Auswirkungen der Innovationstätigkeit von KMU in Krisenzeiten auf ihre wirtschaftliche Entwicklung". Die repräsentative Befragung von 1105 Unternehmen in Deutschland zielte darauf ab, das Innovationsverhalten während der Pandemie zu erfassen und die wirtschaftliche Lage der Unternehmen zu analysieren. Die Studie zeigt, dass Innovationsaktivitäten KMU helfen, wirtschaftliche Krisen besser zu bewältigen – und wie wichtig es für die langfristige Wettbewerbsfähigkeit ist, dass geplante Innovationsprojekte trotz der Krise umgesetzt werden (vgl. Brink et al. 2022). Allerdings sind gerade in Krisenzeiten die Mittel knapp, die Aussichten von Unsicherheit getrübt. Wie sollen dann vor allem KMU Innovationen finanzieren? Hier helfen z. B. verschiedene öffentliche Förderungen.

▶ **Nachhaltig merken** Innovation bedeutet aber nicht nur die Neuentwicklung oder Veränderung von Prozessen, Produkten oder Dienstleistungs- und Geschäftsmodellen. Die Innovationsfähigkeit eines Unternehmens betrifft auch qualitative Fähigkeiten der Mitarbeiter*innen, die künftig an Bedeutung gewinnen – wie Resilienz, Stressbewältigung, Feedbackkultur, Miteinander im Team und vieles mehr. Neben all den praktischen Herausforderungen sollten Sie daher auch an den Themen rund um interne Kommunikation und Teamwork arbeiten.

Literatur

AIT Austrian Institute of Technology (2023) Innovation als Schlüssel in Krisenzeiten. https://www.ait.ac.at/news-events/single-view/detail/7671?cHash=1f65548f9abbe1f-b3e2823718aba19e1. Zugegriffen am 15.07.2024

Brink S, Nielen S, Schröder C (2022) IfM-Materialien Nr. 296. Institut für Mittelstandsforschung Bonn. https://www.ifm-bonn.org/fileadmin/data/redaktion/publikationen/ifm_materialien/dokumente/IfM-Materialien-296_2022.pdf. Zugegriffen am 15.07.2024

Bundesministerium für Arbeit und Soziales (BMAS) (2023) Corporate Sustainability Reporting Directive (CSRD). https://www.csr-in-deutschland.de/DE/CSR-Allgemein/CSR-Politik/CSR-in-der-EU/Corporate-Sustainability-Reporting-Directive/corporate-sustainability-reporting-directive-art.html. Zugegriffen am 15.07.2024

Bundesministerium für Umwelt, Naturschutz, nukleare Sicherheit und Verbraucherschutz (BMUV) (2024) Greenwashing. https://www.bmuv.de/themen/verbraucherschutz/nachhaltiger-verbraucherschutz/greenwashing. Zugegriffen am 15.07.2024

Cradle to Cradle NGO (o.J.) Cradle to Cradle NGO. https://c2c.ngo/. Zugegriffen am 15.07.2024

Europäische Kommission (2022) Commission Staff Working Document Impact Assessment Report. Dokumentennummer: 52022SC0085. https://eur-lex.europa.eu/legal-content/EN/TXT/PDF/?uri=CELEX:52022SC0085. Zugegriffen am 15.07.2024

Europäische Kommission (2023) Proposal for a Directive on green claims. https://environment.ec.europa.eu/publications/proposal-directive-green-claims_en. Zugegriffen am 15.07.2024

Grubendorfer C, Ackermann C (2023) The Real Book of Work: Organisationen in Not. Warum wir umdenken müssen, um sie in die Zukunft zu führen. Vahlen, München

Lexikon der Nachhaltigkeit (2015) Triple Bottom Line und Triple Top Line. https://www.nachhaltigkeit.info/artikel/1_3_b_triple_bottom_line_und_triple_top_line_1532.htm. Zugegriffen am 15.07.2024

Olins W (2014) Brand new – the shape of brands to come. Thames & Hudson, New York

Orange E, Cohen AM (2010) From eco-friendly to eco-intelligent. The Futurist 44(5):28–32

2 Markenführung und Nachhaltigkeitsstrategie verbinden

2.1 Die Nachhaltigkeitsstrategie – ein kurzer Blick auf's Wesentliche

Es waren Marken wie der Outdoor-Bekleider Patagonia, der Eiscremehersteller Ben & Jerry's und die Kosmetikfirma The Body Shop, die in den 1990er-Jahren den Anfang machten: Sie formulierten klare Ziele in ihrer Unternehmensstrategie und zeigten so, dass wirtschaftlicher Erfolg und Engagement für den Planeten sich nicht ausschließen müssen. Wie wir in Kap. 1 gezeigt haben, kommt heute kaum ein Unternehmen darum herum, sich Gedanken um die eigene Umweltbilanz oder soziale Verantwortung zu machen und entsprechende Maßnahmen nicht nur grob zu planen, sondern konkret in der Strategie festzuhalten. Doch was ist eine Nachhaltigkeitsstrategie und was gilt es zu beachten?

▶ **Nachhaltig merken** Eine Nachhaltigkeitsstrategie ist der umfassende Plan eines Unternehmens, wie es neben dem wirtschaftlichen Erfolg auch einen positiven Beitrag zur Gesellschaft und Umwelt leisten kann. Sie zeigt konkret, wie sich ökologische, soziale und ökonomische Aspekte in die Geschäftspraktiken integrieren lassen und welchen Effekt die gewählten Maßnahmen im Einzelnen haben.

Im Folgenden wollen wir die Elemente einer Nachhaltigkeitsstrategie skizzieren, um zunächst ein breites Grundverständnis zu den Themen aufzubauen – und damit das Basiswissen für unser integriertes Strategiemodell zu schaffen.

Nachhaltigkeitsstrategien basieren in der Regel auf den Kriterien für Environmental, Social und Corporate Governance (ESG), die in den letzten Jahrzehnten in einem globalen, kollektiven Prozess von internationalen Organisationen, Regierungen, Finanzinstitutionen und Unternehmen erstellt wurden. Diese konkreten Kriterien helfen Unternehmen dabei, ihre Nachhaltigkeitsleistung zu bewerten und zu verbessern.

- Unter dem Umweltaspekt – **Environmental** – wird untersucht, wie ein Unternehmen mit Ressourcenmanagement, Klimawandel und Umweltschutz umgeht. Die ESG-Kriterien helfen dabei, die Umweltbelastung zu bewerten und entsprechende Maßnahmen und Strategien vor allem zur Reduzierung des Ressourcenverbrauchs und zur Bekämpfung des Klimawandels zu entwickeln.
- Der soziale Aspekt – **Social** – fokussiert sich auf den Umgang mit Mitarbeitenden, Menschenrechten, Gemeinschaften und sozialen Gerechtigkeitsfragen. So fördern ESG-Kriterien faire und sichere Arbeitsbedingungen, Diversity und Inklusion und die Unterstützung sozialer Initiativen.
- Unter **Governance** geht es schließlich um transparente Unternehmensführung, ethisches Verhalten, Risikomanagement und die Einhaltung von Vorschriften. Auch werden Unternehmen ermutigt, die Interessen aller Stakeholder*innen zu berücksichtigen und in ihre Entscheidungsprozesse einzubeziehen.

Für eine umfassende und wirksame Nachhaltigkeitsstrategie können diese Kriterien und Rahmenbedingungen mit den 17 Sustainable Development Goals (SDGs) der UN verknüpft werden. Dabei wählt das Unternehmen jene SDGs, die es als für die eigene Geschäftstätigkeit am relevantesten erachtet, entwickelt entsprechende strategische Maßnahmen und gewinnt so mehr Fokus und eine langfristige Vision für globale Nachhaltigkeitsziele (vgl. Baumast und Pape 2022).

▶ **Nachhaltig merken** Wirken die ESG-Kriterien als operative Basis, helfen die SDGs bei der strategischen Ausrichtung.

Nachhaltiges Praxisbeispiel

In unserer Agentur haben wir uns – basierend auf unsere eigene Wertschöpfungskette – auf folgende drei Nachhaltigkeitsziele geeinigt: Hochwertige Bildung (**SDG 4**), Industrie, Innovation und Infrastruktur (**SDG 9**) und Nachhaltige Städte und Gemeinden (**SDG 11**). Konkret heißt das: In unserem eigenen Unternehmen fördern wir interne Impulse und Ideen unseres Teams, die Innovation in unserem Sektor (der Kreativ- und Kommunikationswirtschaft) in Richtung Nachhaltigkeit (vgl. SDG 9) unterstützen – neue Methoden, Prozesse,

2.1 Die Nachhaltigkeitsstrategie – ein kurzer Blick auf's Wesentliche

Geschäftsfelder, Produktideen etc. Dasselbe gilt für Projekte gemeinsam mit unseren Kund*innen. In der Beratung beschäftigen wir uns zudem intensiv mit innovativen Lernformaten, die Veränderungsprozesse unserer Kund*innen begleiten. Neben allgemeinen Zukunftsthemen und Digitalisierung geht es hier auch um Inhalte rund um Nachhaltigkeit, die wir für Menschen zugänglicher machen (vgl. SDG 4). Äußerst wertvoll finden wir das etwa im Kontext städtischer Entwicklungskonzepte wie Smart oder Circular Cities (vgl. SDG 11), die Lernprozesse im Austausch mit vielfältigen Organisationen aus Wirtschaft, Wissenschaft, Bildung und bürgerlichen Initiativen ermöglichen und dazu führen, unsere urbanen Lebensräume gemeinsam neu zu gestalten. Durch Projekte in diesem Kontext findet auch Organisationsentwicklung in öffentlichen Organisationen statt, die z. B. stadtübergreifende Austauschplattformen zwischen Bürger*innnen und Verwaltung schafft. So begleiteten wir etwa als Berater*innen über zwei Jahre ein Stadtlabor rund um Digitalisierung und Nachhaltigkeit in einer großen Stadt in Deutschland. ◄

Die ESGs wiederum sind eng mit der EU-Taxonomie verknüpft. Dadurch entsteht ein einheitlicher Rahmen für die Bewertung der Nachhaltigkeitsleistung von Unternehmen am Finanzmarkt, der z. B. die Finanzierungsentscheidungen von Investor*innen mit Blick auf Unternehmen direkt beeinflussen kann. Um hier Haftungsrisiken für die Unternehmensführung durch vorgetäuschte Nachhaltigkeit, Greenwashing und daraus abgeleiteten Fehlbewertungen der Unternehmen am Finanzmarkt zu vermeiden, muss die Nachhaltigkeitsleistung von „grünen Marken" über den marktüblichen Standards liegen und zudem wissenschaftlich belegbar sein.

▶ **Nachhaltig merken** Führungskräfte von Unternehmen, die Nachhaltigkeit nur in ihrem Außenauftritt und in der Markenkommunikation widerspiegeln und – ohne einen klaren Nachweis zu erbringen – Marktvorteile beanspruchen, bewegen sich rechtlich auf Glatteis (siehe auch Abschn. 1.2). Dies kann auch ganz ohne böse Absicht geschehen, etwa wenn Nachhaltigkeitsaspekte aufgrund von Unwissenheit nicht korrekt umgesetzt werden.

Wie lässt sich das verhindern? Welche Maßnahmen sollten Führungskräfte ergreifen, damit ihre Nachhaltigkeitsbemühungen authentisch und wirksam sind? Vor allem aber: Wie können Sie eine tiefgreifende Nachhaltigkeitsstrategie entwickeln, die ganzheitlich im Unternehmen umgesetzt wird?

Beginnen wir beim Wesentlichen! Genauer: mit der Wesentlichkeit. In der Finanzberichterstattung und der Wirtschaftsprüfung spielt der Begriff eine zentrale Rolle: Wesentlich ist eine Information dann, wenn deren Auslassung oder Fehlaussage die wirtschaftlichen Entscheidungen beeinflussen könnte, die auf der Grundlage dieser Finanzberichte getroffen werden. In der Praxis bestimmen Wirtschaftsprüfer die Wesentlichkeit durch quantitative und qualitative Kriterien. Auch in der Nachhaltigkeitsberichterstattung und -strategie findet das Konzept der Wesentlichkeit Anwendung:

▶ **Nachhaltig merken** In der Wesentlichkeitsanalyse geht es darum, aus verschiedenen Perspektiven die relevanten ESG-Themen und -Aspekte zu identifizieren, die für das Unternehmen und seine Stakeholder*innen von größter Bedeutung sind, und im Anschluss zu priorisieren. Durch die Fokussierung auf die wesentlichen Themen können Unternehmen ihre Ressourcen effizienter einsetzen und ihre Nachhaltigkeitsleistung kontinuierlich verbessern.

Doch wie funktioniert eine Wesentlichkeitsanalyse?

- Der Prozess beginnt mit der Identifikation potenziell relevanter Themen durch die Analyse interner und externer Quellen wie Branchenberichte, Medienanalysen und regulatorische Anforderungen (*Analyse der Organisation*).
- Im nächsten Schritt werden Stakeholder*innen einbezogen, um deren Ansichten und Prioritäten zu verstehen. Dies geschieht häufig durch Umfragen, Interviews oder Workshops (*Analyse der Stakeholder*innen-Perspektiven mit Fokus auf Nachhaltigkeit der Organisation*).
- Nach der Erhebung der relevanten Daten erfolgt die Bewertung der identifizierten Themen anhand ihrer Bedeutung für die Stakeholder*innen und ihrer Relevanz für den langfristigen Geschäftserfolg des Unternehmens. Eine Wesentlichkeitsmatrix visualisiert diese Bewertung, indem sie die Themen nach ihrer Wichtigkeit für die Stakeholder*innen und ihrer Auswirkung auf das Unternehmen ordnet (*Zusammenführung der Ergebnisse in SWOT-Analyse und Wesentlichkeitsmatrix*).
- Die priorisierten Themen aus der Wesentlichkeitsanalyse werden schließlich in die Unternehmensstrategie integriert.

2.1 Die Nachhaltigkeitsstrategie – ein kurzer Blick auf's Wesentliche

Seit Januar 2023 ist die EU-Richtlinie zur Nachhaltigkeitsberichterstattung in Kraft. Diese erfordert das Prinzip der doppelten Wesentlichkeit, das einen neuen Standard in der Berichterstattung setzt. Dabei müssen Unternehmen sowohl die Auswirkungen ihrer Geschäftstätigkeiten auf Umwelt und Gesellschaft (**Inside-out-Perspektive**) als auch die finanziellen Risiken und Chancen durch Nachhaltigkeitsthemen (**Outside-in-Perspektive**) berücksichtigen. Dies stellt sicher, dass sowohl die interne als auch die externe Relevanz von Nachhaltigkeitsthemen umfassend bewertet und transparent kommuniziert wird.

Das Prinzip der Doppelten Wesentlichkeit zwingt Unternehmen, die Bedeutung von Nachhaltigkeitsthemen aus zwei Perspektiven zu betrachten. Die Inside-out-Perspektive, auch Impact Materiality genannt, hilft Unternehmen zu ermitteln, welche tatsächlichen und potenziellen positiven und negativen Auswirkungen ihr Handeln auf verschiedene Nachhaltigkeitsthemen hat – wie Treibhausgasemissionen, Biodiversitätsverlust oder soziale Auswirkungen auf Gemeinschaften.

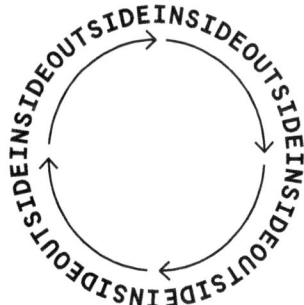

Die Outside-in-Perspektive (auch: Financial Materiality) betrachtet hingegen die Chancen und Risiken von Nachhaltigkeitsthemen für die finanzielle Lage eines Unternehmens und die Zukunftsfähigkeit des Geschäftsmodells: Wie können Nachhaltigkeitsthemen wie Klimawandel, Ressourcennutzung und regulatorische Veränderungen etwa die wirtschaftliche Leistung eines Unternehmens beeinflussen? So muss etwa ein Lebensmittelunternehmen, das Palmöl verwendet, sowohl die finanziellen Risiken durch mögliche zukünftige Regulierungen und Verbraucherboykotts (Outside-in-Perspektive) berücksichtigen als auch die ganz konkreten Umweltauswirkungen des Palmölanbaus vor Ort – wie Entwaldung und Verlust der Biodiversität (Inside-out-Perspektive).

Aus einer solch vergleichenden Betrachtung müssen Unternehmen ableiten, welche Themen für ihre Nachhaltigkeit wesentlich sind. Der große Vorteil dieser Herangehensweise: Die doppelte Wesentlichkeit verhindert eine einseitige Berichterstattung. Ohne sie wäre es beispielsweise nicht berichtspflichtig, wenn unternehmerische Aktivitäten eine negative Auswirkung auf die Umwelt und gleichzeitig keine negativen finanziellen Auswirkungen zeigen – denn diese würden sich sozusagen gegenseitig neutralisieren.

▶ **Nachhaltig merken** Die Wesentlichkeitsanalyse ist als regelmäßig wiederkehrender Prozess konzipiert, der die kontinuierliche Reflexion der für die Organisation relevanten Nachhaltigkeitsthemen auf Führungsebene ermöglicht. Durch Nachhaltigkeitsreporting werden Organisationen zur Transparenz bei der Umsetzung und Weiterentwicklung ihrer wesentlichen Nachhaltigkeitsaktivitäten verpflichtet. Die regulatorischen Vorgaben führen zu einer datenbasierten Überprüfung der Nachhaltigkeitsleistung einer Organisation aus externer Perspektive. Dies kann für Organisationen, die sich als nachhaltige Marke positionieren möchten, ein Hebel für Innovation und Transformation sein. Die interne Reflexion des Unternehmens zur eigenen Nachhaltigkeit wird dabei strukturell durch den prüfenden externen Blick ergänzt.

2.2 Markenführung, SDGs und Wesentlichkeitsanalyse zusammen denken

Das Prinzip der „Marke" kann uns beim nachhaltigen Wirtschaften auf verschiedene Weise unterstützen. Als Kommunikationsinstrument erfüllt die Marke mehrere zentrale Aufgaben: Sie unterstützt die Identitätsbildung innerhalb der Organisation, dient als Instrument zur Marktpositionierung und wird als Führungsinstrument eingesetzt. Zusätzlich kann sie noch viele weitere Funktionen übernehmen. So soll sie ein positives Vorstellungsbild in den Köpfen der Stakeholder*innen einer Organisation erzeugen (vgl. Esch 2019). Dieses weist auch in die Zukunft, impliziert also, wie sich die Marke entwickeln wird. Diese Zukunftsperspektive wird in den meisten Organisationen in der Vision verankert.

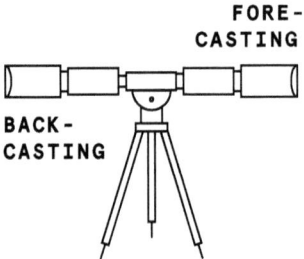

Im Future Design (vgl. Groß und Mandir 2022) oder spekulativen Design wird diese Perspektive erweitert und in Form von Zukunftsszenarien weiterentwickelt.

2.2 Markenführung, SDGs und Wesentlichkeitsanalyse zusammen denken

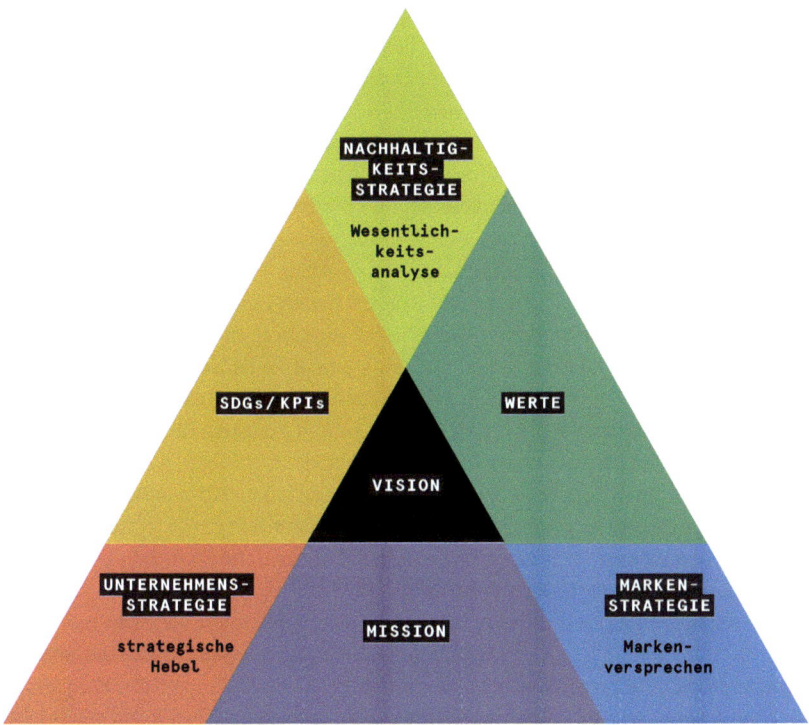

Abb. 2.1 Zusammenspiel der drei Strategiefelder

Diese Szenarien zeigen auf, wie eine Entwicklung aus der Zukunft heraus gedacht möglich ist (Backcasting; siehe Abb. 2.1). Um alle Beteiligten rund um eine Marke auf eine nachhaltige Transformation einzustimmen, ist es hilfreich, diese Szenarien sichtbar zu machen und daraus positive Zukunftsbilder abzuleiten. Ein solcher Ergebnistyp, der dann in die Strategie und Kommunikation einer Organisation einfließen kann, ist der Transformationspfad (siehe Kap. 1).

Wie können wir nun aber die unterschiedlichen Instrumente – Markenführung, Unternehmensstrategie, Nachhaltigkeitsstrategie und Innovationsprozesse – besser verbinden?

Fangen wir mit der Markenführung an. Verantwortungsvolle Markenführung kann als fortlaufender Prozess in einer Organisation betrachtet werden. Es gilt dabei, das Selbstbild (Innensicht z. B. von Mitarbeitenden) stetig mit dem Fremdbild der Organisation (Außensicht von Kund*innen, Partner*innen, Politik etc.) abzugleichen und zu einem glaubwürdigen und erinnerbaren Image zusammenzuführen. Dieses Prinzip zeigt diverse Parallelen zur Wesentlichkeitsanalyse und deren Elementen.

Das wirft die Frage auf: Könnten die Schritte zur Wesentlichkeitsanalyse vielleicht auch zur Reflexion der eigenen Marke genutzt werden? Einerseits fokussiert die Wesentlichkeitsanalyse stark auf die Reflexion der Nachhaltigkeit einer Organisation. Andererseits können ihre Elemente – wie z. B. die Befragungen zur Einholung von Stakeholder*innen-Perspektiven – einfach erweitert werden, um einen ganzheitlichen Blick auf die Marke der Organisation zu ermöglichen. Weitere Analysefelder, z. B. zu Geschäftsmodell und Wertschöpfungskette, liefern auch für die Markenstrategie wertvolle Erkenntnisse.

Dieses Vorgehen kann z. B. durch den SDG Compass (vgl. UN Global Compact Netzwerk Deutschland o. J.) unterstützt werden. Dieser Leitfaden, den der UN Global Compact in Zusammenarbeit mit der Global Reporting Initiative (GRI) und dem World Business Council for Sustainable Development (WBCSD) erstellt hat, setzt – im Gegensatz zur zuvor beschriebenen Wesentlichkeitsanalyse – auf den SDGs (Sustainable Development Goals) der UN auf. In fünf Schritten bietet der Leitfaden Ansätze zur Ausrichtung unternehmerischen Handelns entlang der SDGs sowie Hilfestellungen zum Reporting. Mit Blick auf die einzelnen Abschnitte der eigenen Wertschöpfungskette werden Herausforderungen identifiziert, die entweder einen neuen positiven Impact erzeugen (wie z. B. kreislauforientierte Produktinnovationen) oder einen negativen (z. B. Ressourcenverbrauch) verhindern.

Zur Bestimmung der passenden SDGs und der zugehörigen Vorgaben bietet der Kompass zahlreiche tiefere Ausprägungen der SDGs und benennt Indikatoren, anhand derer der Impact messbar gemacht werden kann. Im vorletzten Kapitel des Kompasses wird aufgezeigt, wie die Ziele im Unternehmen erreicht werden können, welche Strukturen oder Frameworks erforderlich sind und wie diese aufgesetzt werden.

▶ **Nachhaltig merken** Eine Schlüsselerkenntnis, die nicht oft genug wiederholt werden kann: Es ist eine Kultur der Ko-Kreation notwendig, ein Zusammenspiel von Abteilungen, Teams und Organisationseinheiten. Veränderung gelingt nur in einem integrierten gemeinsamen Prozess – auf Augenhöhe.

Die Verbindung dieser Analyseebenen spart nicht nur Zeit. Sie verknüpft auch die Markenstrategie und -kommunikation klarer – und hilft so, Greenwashing zu verhindern. Doch wie genau verbindet man die einzelnen Komponenten und Phasen?

2.3 Prozesse der Markenentwicklung, Unternehmensstrategie und Nachhaltigkeitsstrategie verbinden

Die Vielzahl an strategischen Prozessen, die Unternehmen heute parallel bearbeiten müssen, lassen sich in unserer sich schnell verändernden Welt nicht mehr in einer logischen Reihung hintereinander bearbeiten. Der Veränderungsdruck ist auf vielen Ebenen einfach zu groß. Vielmehr müssen strategische Prozesse verknüpft gedacht und bearbeitet werden. Wir haben daher ein Modell entwickelt, das Ihnen im unternehmerischen Alltag als Orientierung für die integrierte Entwicklung von Unternehmensstrategie, Nachhaltigkeitsstrategie und Markenstrategie helfen kann.

Bevor wir unser Modell vorstellen, werfen wir einen kurzen Blick auf die beiden Strategien, die in diesem Buch bisher nur gestreift wurden: die Unternehmensstrategie und die Markenstrategie. Wie greifen beide ineinander und welche Aufgaben übernehmen sie jeweils? Erstaunlicherweise gibt es kaum Literatur, die diese beiden Felder in Beziehung zueinander behandelt. Die vielen Schnittpunkte legen es jedoch nahe, beide Strategien in ein sinnvolles Verhältnis zueinander zu stellen.

▶ **Nachhaltig merken** Grundsätzlich definiert die Unternehmensstrategie eher rational-faktisch die Zielerreichung, während die Markenstrategie diese eher emotional-kommunikativ beschreibt. Meist fließen aber beide ineinander. Im Zentrum hier wie da: die Vision und die Mission einer Organisation.

Für die Entwicklung einer Unternehmensstrategie gibt es verschiedene Ansätze und Konzepte. Da wir hier in erster Linie die Zusammenhänge der einzelnen Strategien aufzeigen wollen und nicht tiefer auf die einzelnen Ansätze zur Strategieentwicklung eingehen können, nutzen wir beispielhaft den sehr plakativen Ansatz von Simon Sinek (o. J.). Sein „Golden Circle" war ursprünglich für die Entwicklung eines neuen Führungsverständnisses gedacht, lässt sich aber auch gut auf Unternehmensstrategien anwenden. Das Konzept basiert auf den drei Ebenen Why, How und What:

- Der Unternehmenszweck und die Vision beschreiben das „Why", also den Grund für die Existenz einer Organisation. Dabei kann auch der gesellschaftliche Nutzen des Unternehmens eine Rolle spielen. Während der Purpose als langfristiger Leitstern betrachtet werden kann, ist die Vision konkreter mit einer Perspektive von fünf bis zehn Jahren formuliert.
- Mit dem „How" wird beschrieben, wie Zweck und Vision erfüllt werden sollen. Damit können auch Werte verbunden sein, wobei die Ausarbeitung der Werteebene auch als Teil der Markenstrategie angesehen werden kann.
- „What" beschreibt schließlich die konkreten operativen Ziele, Produkte und Angebote des Unternehmens.

Die Marke steht immer für Verkürzung, Fokussierung, aber natürlich auch für eine positive Ausstrahlung. So ist ihre zentrale Aufgabe, den Kern der Organisation, ihre Ziele und ihr Image kommunikativ auf den Punkt zu bringen. Zentraler Ergebnistyp ist dann häufig eine kurze Zusammenfassung dieser Erkenntnisse in einem oder zwei Sätzen: der Markenidee. Wie unsere Cases aufzeigen werden, kann die Marke eine solche Strahlkraft erzeugen – und das im Zweifel über Jahrhunderte hinweg –, dass sie nach innen und außen Begeisterung, Motivation und Veränderungswillen bewirkt.

Ein weiterer wichtiger Baustein der Markenstrategie ist die Positionierung im Markt. Sie ist gleichzeitig ein Schnittpunkt zur Unternehmensstrategie. Auf Basis der konkreten Marktanalyse und ihrer Ableitungen findet in der Markenstrategie eine kommunikative Zuspitzung der Positionierung statt.

Unser Modell in sechs Schritten

1. **Unternehmens- und Markenstrategie im Abgleich zueinander definieren**
Zunächst gilt es, Vision und Mission einer Organisation zu ermitteln. Auf dieser Basis können Markenstrategie und Unternehmensstrategie parallel weiter ausgearbeitet werden. Bei der Definition der Unternehmens- und Markenstrategie muss die Führungsebene des Unternehmens stark eingebunden und Perspektiven unterschiedlicher Stakeholder*innen müssen mitreflektiert werden. Diese werden z. B. durch Befragungen ermittelt. Schon beim Formulieren des entsprechenden Interviewleitfadens empfehlen wir, den gesamten Strategieprozess und sämtliche Anforderungen im Blick zu haben. Denn hier steckt reichlich Potenzial für eine effizientere und effektivere Vorgehensweise. So könnte man etwa Fragen zur Wertschöpfungskette oder zum nachhaltigen Wirtschaften direkt mit aufnehmen.

2. **Nachhaltigkeit anhand der Wertschöpfungskette reflektieren**
Auf Basis der konkreten Leistungen des Unternehmens und als Teil einer internen Unternehmensanalyse wird dann die Wertschöpfungskette dargestellt. Mit Blick auf die Nachhaltigkeitsstrategie, aber auch auf die Nachhaltigkeitskommunikation, müssen die einzelnen Phasen der Wertschöpfungskette im Austausch mit zentral Beteiligten wie Mitarbeiter*innen oder Kooperationspartner*innen erarbeitet und anhand des Werts Nachhaltigkeit reflektiert werden. Dies sollte mithilfe authentischer Erlebnisse und persönlicher Erfahrungen geschehen. Folgende Fragen können dabei helfen: Wie sieht es im Unternehmen z. B. in der Produktion, im Marketing oder in anderen Bereichen aus? Was kann aktuell dort mit Nachhaltigkeit verbunden werden? Wo liegen Wünsche und Potenziale zur Weiterentwicklung der nachhaltigen Unternehmenstätigkeiten in diesen Bereichen? Aus diesem Austausch entstehen Impact-Stories, die die einzelnen Bereiche der Wertschöpfung in

2.3 Prozesse der Markenentwicklung, Unternehmensstrategie und …

Gegenwart und Zukunft beschreiben (siehe auch Abschn. 3.1). Neben Storytelling sind hier auch wissenschaftliche Daten als Beleg für die tatsächliche Nachhaltigkeitsleistung relevant.

3. **Wesentlichkeitsanalyse und SDGs ableiten**
   Der Austausch mit den Stakeholder*innen rund um die Wertschöpfungskette liefert auch einen Einblick in die Wesentlichkeit der Nachhaltigkeitsaktivitäten der Organisation. Dabei müssen vor allem die zentralen Erwartungen der Beteiligten genau analysiert werden. Dies geschieht bereits als Teil der Analyse der Wertschöpfungskette. Die für die Stakeholder*innen besonders wichtigen Aspekte können herausgearbeitet und mit ESG und SDGs abgeglichen werden. So entsteht die Anbindung der unternehmensspezifischen Nachhaltigkeitsstrategie an die Ziele nachhaltiger Entwicklung im globalen Kontext.
4. **Markennarrativ aus Markenstrategie und Impact Stories ableiten**
   Die einzelnen Impact Stories entlang der Wertschöpfungskette können nun als Grundlage genommen werden, um ein Markennarrativ zu entwickeln. Neben dem Aspekt der Nachhaltigkeit sollte das Markennarrativ vor allem in sehr kurzer und prägnanter Form die ganzheitliche Wertschöpfung des Unternehmens ausdrücken und dabei Vergangenheit, Gegenwart und Zukunft sowie alle Stakeholder*innen-Perspektiven verbinden. Als kombinierte erzählerische Form von Purpose/Zweck, Mission und Vision unter Einbeziehung der gesellschaftlichen Wirkung des Unternehmens muss das Markennarrativ glaubwürdig alle Strategieebenen und die Perspektiven von Unternehmensführung und internen sowie externen Stakeholder*innen verbinden.
5. **Markenthemen definieren**
   Aus dem Markennarrativ leiten sich übergeordnete Themen ab, die für alle Stakeholder*innen mit Blick auf Vergangenheit, Gegenwart und Zukunft der Organisation besonders wichtig sind. Hier können auch Schnittstellen zu den ausgewählten SDGs aufgezeigt werden. Um in Verbindung zur Markenstrategie laufend Inhalte zu inspirieren, Content-Marketing zu unterstützen und Menschen für die Marke zu begeistern, sollten die Themen auch in der Kommunikation des Unternehmens genutzt werden.
6. **Mit Marke und Nachhaltigkeit verbundene Innovation**
   Aus den Markenthemen können zudem Themen für Innovationsprozesse abgeleitet werden, die das Unternehmen auf dem Weg zu mehr Nachhaltigkeit inspirieren. Durch die konkrete Verfolgung der Innovationsprojekte kann Greenwashing vermieden werden.
   Abb. 2.2 illustriert das Sechs-Schritte-Modell.

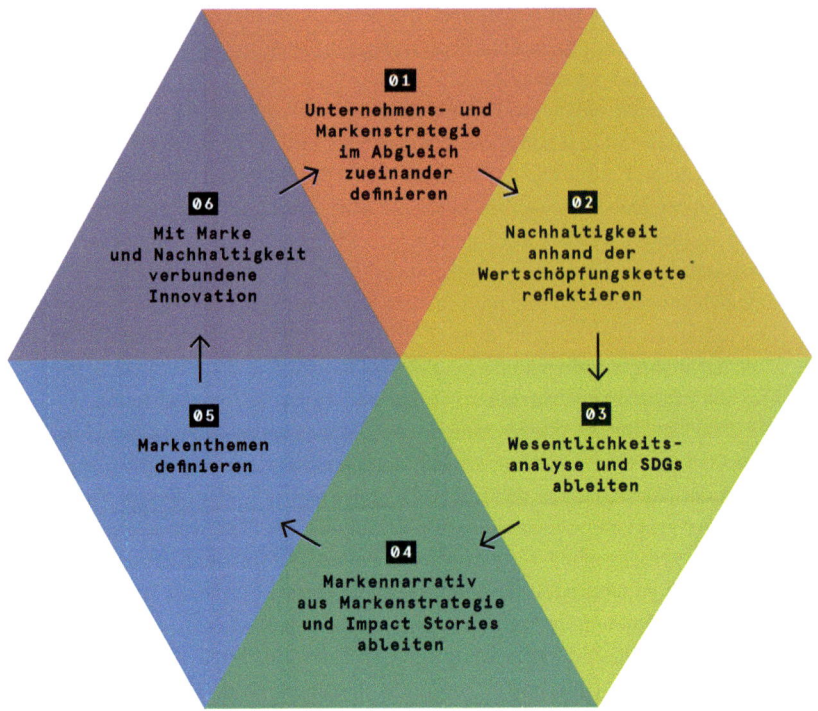

Abb. 2.2 Sechs-Schritte-Modell

Literatur

Baumast A, Pape J (Hrsg) (2022) Betriebliches Nachhaltigkeitsmanagement. utb., Stuttgart
Esch F-R (Hrsg) (2019) Handbuch Markenführung. Springer Gabler, Wiesbaden
Groß B, Mandir E (2022) Zukünfte gestalten: Spekulation. Kritik. Innovation. Mit „Design Futuring" Zukunftsszenarien strategisch erkunden, entwerfen und verhandeln. Verlag Hermann Schmidt, Mainz
Sinek S (o.J.) Simon Sinek: leadership training & employee development platform. https://simonsinek.com/. Zugegriffen am 15.07.2024
UN Global Compact Netzwerk Deutschland (o.J.) SDG Compass. https://www.globalcompact.de/themen/sustainable-development-goals/sdg-compass. Zugegriffen am 15.07.2024

3
Über das Zusammenspiel von Marken-, Nachhaltigkeits- und Innovationsmanagement

3.1 Wie Innovationsprozesse und Nachhaltigkeitskommunikation zusammenspielen

So wie bei der Wesentlichkeits- und Markenanalyse gibt es auch in der Marken- und Nachhaltigkeitskommunikation viele Elemente, die ganzheitlich strategisch reflektiert und in der Folge synchronisiert werden können. Die Geschichten und Fakten aus der Analyse der Wertschöpfungskette sind zudem Treibstoff für inspirierende Markenkommunikation (siehe Abb. 3.1). Das Thema Nachhaltigkeit kann dabei reflektiert und – soweit belegbar – sichtbar gemacht werden. Darüber hinaus stecken in der Analyse oft viele Geschichten und Daten, die helfen, ein glaubwürdiges Image der Organisation zu formen.

Ein wichtiges Werkzeug in der Nachhaltigkeitsberichterstattung sind die bereits in Kap. 2 erwähnten **Impact Stories**. Diese narrativen Erzählungen veranschaulichen die konkreten Auswirkungen und Erfolge eines Unternehmens in Bezug auf seine Nachhaltigkeitsziele und -maßnahmen und tragen die Nachhaltigkeitsthemen der Organisation entlang der Wertschöpfungskette in die Nachhaltigkeitskommunikation. Dabei sollten sie immer im Zusammenhang mit dem Markennarrativ und der Markenidee stehen, denn nur so entsteht ein konsistentes Bild auf allen Kommunikationsebenen.

Impact Stories bieten anschauliche und greifbare Beispiele dafür, wie ein Unternehmen positive ökologische, soziale oder ökonomische Veränderungen bewirkt hat. Sie helfen, abstrakte Konzepte wie CO_2-Reduktion oder soziale Gerechtigkeit ver-

© Der/die Autor(en), exklusiv lizenziert an Springer Fachmedien Wiesbaden GmbH, ein Teil von Springer Nature 2024
C. Schlimok, B. von Lehsten, *Durch Markenführung und Innovation zu mehr Nachhaltigkeit im Unternehmen*, Edition Nachhaltig wirtschaften,
https://doi.org/10.1007/978-3-658-46117-1_3

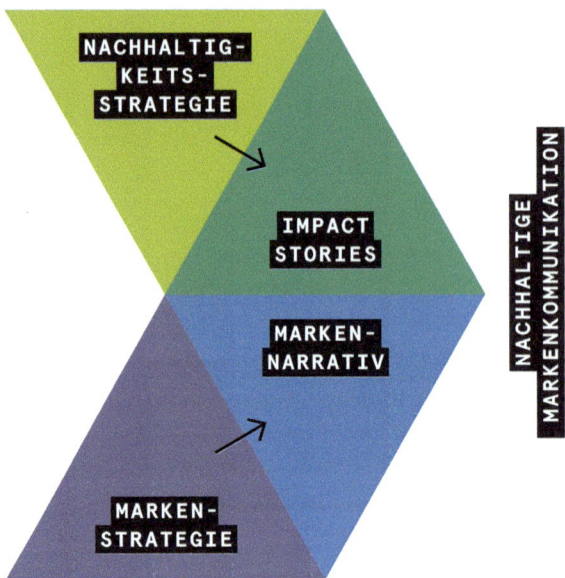

Abb. 3.1 Zusammenhänge zwischen Markenkommunikation und Nachhaltigkeitskommunikation

ständlicher und zugänglicher zu machen, und sprechen Menschen emotional an. Detaillierte und authentische Geschichten zeigen, dass die Nachhaltigkeitsziele nicht nur auf dem Papier stehen. Ergänzend zu den quantitativen Daten und Analysen tragen Impact Stories dazu bei, ein vollständigeres Bild der Nachhaltigkeitsleistungen des Unternehmens zu vermitteln, und dienen sowohl innerhalb als auch außerhalb des Unternehmens als Motivationsquelle.

Als Gegenstück zu den Impact Stories können **Zukunftsszenarien** dafür sorgen, dass diese Erfolgsgeschichten zukünftig fortgesetzt werden. Die Szenarien sind Zukunftsprognosen, die auf aktuellen Trends und Treibern basieren. Sie lassen sich mithilfe verschiedenster Methoden erstellen und sollten auf verlässlichen Daten und Research basieren. Ist ein Szenario erst einmal möglichst konkret beschrieben, lassen sich aus diesen Zukunftserzählungen konkrete Schritte für eine (Unternehmens-)Strategie ableiten, die bei der Entscheidungsfindung in der Gegenwart hilfreich sein kann (dieses Vorgehen nennt man Backcasting).

Neben Markenidee und -narrativ umfasst die Markenstrategie auch spezifische **Markenthemen**. Diese Themen, die im Abgleich mit Trends in der Umwelt der

Organisation und der Markenidentität eine besonders hohe Bedeutung haben, zeigen die Relevanz der Organisation sowohl auf fachlicher als auch auf gesellschaftlicher Ebene. Diese spezifischen Markenthemen fokussieren die Kommunikation und sind so eng mit der Organisation verbunden, dass sie häufig auch Verbindungen zu den Nachhaltigkeitsthemen der Wesentlichkeitsanalyse und/oder SDGs herstellen.

> **Nachhaltiges Praxisbeispiel**
>
> Ein Energieproduzent positioniert sich als Marke mit großer Nähe zur lokalen Umgebung des Unternehmens und den dort lebenden Menschen. Ein spannendes Markenthema für verschiedene Beteiligte könnte die kostengünstige und trotzdem sozial und ökologisch verantwortliche Energieproduktion sein. Die Wesentlichkeitsanalyse zeigt, dass die Lieferantenbeziehungen verbessert werden müssen, um dieses Ziel zu erreichen und die Nachhaltigkeit des Unternehmens zu erhöhen. Der Grund dafür ist, dass die durchschnittlichen Preise für Brennstoffe und alternative Energiequellen für einen Teil der lokalen Bevölkerung noch zu hoch sind, selbst wenn sie überwiegend aus erneuerbaren Quellen stammen. ◀

Aus der Analyse von Portfolio, Geschäftsmodell und Wertschöpfungskette und den daraus abgeleiteten Themen und Daten zur Nachhaltigkeit des Unternehmens lassen sich **Forschungsfragen** für Innovationsprozesse ableiten. Hier gibt auch der SGD Compass Orientierung. Im Idealfall gelingt es Ihnen, eine klare Verbindungslinie zwischen Marke, Nachhaltigkeitsstrategie und -kommunikation und Forschungsfragen zu ziehen. Wie gehen Sie dabei vor?

Um Forschungsfragen, beispielsweise im Hinblick auf Nachhaltigkeit, zu entwickeln, lohnt sich zunächst eine Eingrenzung auf Forschungsthemen, die für Ihr Unternehmen relevant sind. In Bezug zur EU-Taxonomie könnten das z. B. folgende Bereiche sein:

- Allgemein ökologisch nachhaltige Wirtschaftstätigkeiten
- Klimaschutz
- Anpassung an den Klimawandel
- Nachhaltiger Einsatz von Wasser oder Meeresressourcen
- Übergang zur Kreislaufwirtschaft
- Vorbeugung oder Kontrolle von Umweltverschmutzung
- Schutz oder Wiederherstellung von Biodiversität oder Ökosystemen

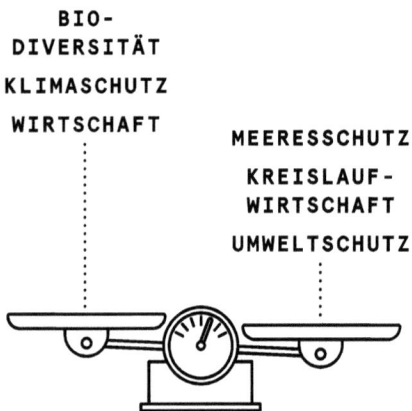

Zur Reflexion des Forschungs- und Innovationsbedarfs im eigenen Unternehmen in Verbindung mit den genannten Themen helfen folgende Fragen:

- Warum ist die Situation rund um die Bereiche unternehmerischer Nachhaltigkeit bei uns, wie sie ist?
- Wie wird sie sich entwickeln?
- Wie ist sie zu bewerten?
- Was muss getan werden, um die gewünschten Nachhaltigkeitsziele zu erreichen?

Nachhaltiges Praxisbeispiel

Im Beispiel des Energieproduzenten könnte sich – durch den bereits skizzierten Bedarf an kostengünstigen und dennoch ökologisch nachhaltigen Energiequellen – etwa folgende Forschungsfrage ergeben: Wie lassen sich die Kosten für unsere lokale Wärmeerzeugung durch alternative Brennstoffe und neue Energiequellen, die ökologisch und sozial nachhaltig sind, weiter senken? ◄

Forschungsfragen konsequent zu verfolgen, ist für Organisationen und Unternehmen, die keine eigene Innovations- oder Forschungsabteilung haben, eine große Herausforderung. Hier kommen Open-Innovation- und Co-Creation-Prozesse ins Spiel. Denn sie schaffen eine Öffnung nach außen und ermöglichen die Mitgestaltung durch externe und interne Beteiligte, die gemeinsam ein Verständnis für die Herausforderungen oder komplexen Probleme entwickeln – und nach Lösungen suchen.

Diese geöffneten Prozesse können aber auch für größere Unternehmen ein Schlüssel zur Lösung komplexer Probleme sein, die sich gerade beim Thema Nachhaltigkeit durch die Multiperspektivität (sozial, ökologisch, wirtschaftlich) ergeben. Innovationsprozesse, die Kund*innen, Nutzer*innen, wissenschaftliche Expert*innen oder andere Organisationen mit ähnlichen Fragestellungen einbeziehen, können zudem aus systemischer Sicht zu organisatorischen Strukturveränderungen führen. Diese Veränderungen bilden die Basis für effektive Innovation und Transformation.

▶ **Nachhaltig merken** Die Interdisziplinarität, die durch Co-Creation und Open Innovation gefördert wird, liefert entscheidende Mehrwerte. Sie bringt unterschiedliche Perspektiven und Expertisen zusammen, was zu kreativeren und umfassenderen Lösungsansätzen führt. Verschiedene Disziplinen können unterschiedliche Methoden und Denkansätze einbringen, was den Innovationsprozess bereichert und oft zu unerwarteten, innovativeren Ergebnissen führt. Außerdem fördert Interdisziplinarität ein tieferes Verständnis der Herausforderungen. Synergien zwischen verschiedenen Fachbereichen lassen sich somit leichter erkennen – und nutzen.

Historisch lässt sich die interdisziplinäre Zusammenarbeit aus dem Design Thinking ableiten. Dieser in den 1960er-Jahren entwickelte Ansatz verfolgt eine nutzerzentrierte Gestaltung neuer Lösungen und setzt zur Förderung kreativer Problemlösungen auf interdisziplinäre Teams (vgl. Brown 2009). Populär wurde Design Thinking durch die systematische Herangehensweise, die auf Empathie für Nutzer*innenbedürfnisse, Problemdefinition, Ideenfindung, Prototyping und Testen basiert.

Die menschenzentrierte und iterative Arbeitsweise schuf die Basis für die Entwicklung des Circular-Design-Ansatzes, der die genannten Prinzipien um Modelle wie zirkuläre Denkweisen und Designprinzipien rund um Nachhaltigkeit erweitert. Während sich Design Thinking vorwiegend auf die gegenwärtigen Nutzerbedürfnisse konzentriert, berücksichtigt Circular Design noch stärker die langfristige Wirkung von Lösungen. Auch systemisches Denken spielt im Circular Design eine zentrale Rolle: Um Lösungen zu entwickeln, die langfristig nachhaltig sind, wird das gesamte Ökosystem betrachtet, in das eine Organisation, ein Prozess, eine Dienstleistung oder ein Produkt eingebettet ist.

▶ **Nachhaltig merken** Durch die Anwendung interdisziplinärer und kooperativer Ansätze wie (Circular) Design Thinking können Unternehmen nicht nur innovativer werden, sondern sich auch besser an komplexe und sich wandelnde Herausforderungen anpassen. Dies stärkt ihre Wettbewerbsfähigkeit und trägt nicht zuletzt zur nachhaltigen Entwicklung bei.

Um die damit verbundenen Co-Creation- und Open-Innovation-Prozesse zu initiieren, muss die Herausforderung bzw. Forschungsfrage intern gründlich reflektiert werden. Dieser Prozess sollte auf Führungsebene gestartet werden. In eher nach innen gerichteten Organisationsstrukturen ist oft Vorarbeit durch Innovations- und Organisationsberater*innen notwendig, die hierfür die Grundlagen schaffen können. Organisationen, die bereits offen für die direkte Einbindung externer Beteiligter sind, können (Circular) Design Thinking und Co-Creation umfassend als Innovations- und Transformationsprinzip nutzen.

Eine besondere Herausforderung kann die Zusammenarbeit mit Forschungsorganisationen sein. Für viele kleinere und mittlere Unternehmen ist es nicht alltäglich, mit Forschungsinstituten, Universitäten oder Hochschulen zusammenzuarbeiten. Schon die Wahl der passenden Einrichtung ist angesichts der Vielfalt an Forschungsorganisationen in Deutschland nicht leicht. Oft kostet es Zeit, die richtige Person für die eigenen Forschungsfragen zu finden – zumal bei komplexen Fragestellungen nicht direkt klar ist, welches Wissen und welche Technologie zur Lösung beitragen können.

▶ **Nachhaltig merken** Da Co-Creation- und Open-Innovation-Prozesse nur dialogisch funktionieren, müssen Marketing und Kommunikation so früh wie möglich einbezogen und aktiviert werden – allein schon, um den internen und externen Austausch über die zu entwickelnden Ideen, Produkte und Services zu fördern und wertvolles Feedback einzuholen. Wie in der Demokratie sind auch hier verschiedene Perspektiven notwendig, um eine nachhaltige Wirkung zu erzielen. Diese Reflexion aus unterschiedlichen Blickwinkeln ist nur möglich, wenn alle am Prozess Beteiligten die komplexen Inhalte, um die es geht, verstehen und nachvollziehen können.

Die Kommunikation wissenschaftlicher und komplexer Inhalte, die in Innovationsprozessen entsteht, erfordert daher eine hohe Kompetenz in der Forschungs- und Wissenschaftskommunikation. Ähnliche Herausforderungen bestehen in der Nachhaltigkeitskommunikation, besonders bei wissenschaftlich fundierten Darstellungen. Um solche Inhalte verständlich zugänglich zu machen, sind vereinfachte Sprachformen notwendig, die die Forschungsinhalte für Mitarbeitende, Kund*innen und Partner*innen ohne wissenschaftlichen Hintergrund öffnen. Visualisierungen und erzählerische Formate sind effektive Werkzeuge, um eine Brücke zwischen Forschung und Öffentlichkeit zu bauen und komplexe Zusammenhänge verständlich zu machen.

Durch wirkungsvolle Wissenschaftskommunikation können Unternehmen das Verständnis und die Akzeptanz für ihre Innovations- und Nachhaltigkeitsprojekte erhöhen – vorausgesetzt, die Führungskräfte, die Innovationsprozesse initialisieren und begleiten, verfügen über entsprechende Kommunikationskompetenzen oder werden dabei unterstützt. Nur so wird sichergestellt, dass die komplexen wissenschaftlichen Inhalte klar und verständlich zugänglich und die Innovationsprozesse erfolgreich unterstützt werden.

3.2 Was sind passende Innovationsformate – und wie könnte ein entsprechender Prozess aussehen?

Verschiedene Formate ermöglichen offene Innovationsprozesse und können parallel auch im Marketing genutzt werden. Grundsätzlich unterscheidet man dabei zwischen offenen und niederschwelligen Prozessen, die auch in der Kommunikation öffentlich zugänglich gemacht werden (oft auch „Public Project" genannt), sowie halbgeöffneten Prozessen, bei denen man gemeinsam mit einer handverlesenen – sprich: kuratierten – Community mit hoher Kompetenz und Interdisziplinarität effizienter und effektiver ans Ziel zu kommen hofft.

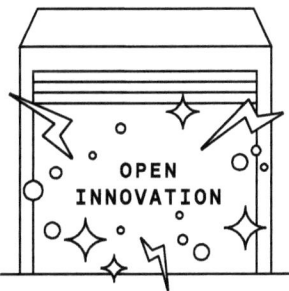

Die Unterscheidung hat logischerweise Konsequenzen für die Marketingeffekte und die Kommunikation rund um den Prozess, da sie deren Reichweite beeinflusst. Innerhalb dieses Rahmens können Innovationsprozesse mit sehr unterschiedlichen Formaten umgesetzt werden. Besonders interessant sind dabei Formate, die sowohl im Marketing gut funktionieren als auch eine inhaltliche Tiefe und das Zusammenspiel mit Wissenschaftler*innen und Expert*innen ermöglichen. Hier einige Beispiele:

Workshops für Ideen und Wissensaustausch
Eine sehr einfache Form, die kurzfristig umgesetzt werden kann, sind Workshops. In einem strukturierten Rahmen werden gezielt Ideen entwickelt und Wissen ausgetauscht. Eingeladen sind interne und externe wissenschaftliche Expert*innen, die sich bestimmten Problemstellungen oder Herausforderungen widmen. Workshopergebnisse können auch im Marketing, etwa in Form von Dokumentationen und Berichten, genutzt werden.

Hackathons
Anders als ein Workshop dient ein Hackathon (Wortschöpfung aus „Hack" und „Marathon") nicht nur dem Ideenaustausch, sondern auch der konkreten Umsetzung von einfachen Prototypen und Konzepten als Lösungen für Herausforderungen. Diese werden jedoch meist noch nicht ausführlich getestet. Hackathons dauern häufig einen bis mehrere Tage und können im Marketing zur Weiterentwicklung von Produkten und Einbindung der Nutzer*innen genutzt werden (vgl. Fahrenkrog et al. 2023).

> **Nachhaltiges Praxisbeispiel**
>
> Eine Stadt möchte Ideen zur Wasserversorgung der Zukunft in Zeiten des sich verschärfenden Klimawandels sammeln. Dafür lädt sie wissenschaftliche Expert*innen zusammen mit Bürger*innen zu einem Hackathon ein. Die Beteiligten entwickeln Ideen und Ansätze, die sowohl Zukunftsszenarien für die Stadtentwicklung als auch Förderprojekte liefern können. ◀

Makeathons
Makeathons (von „to make" und „Marathon") gehen noch einen Schritt weiter in Richtung Umsetzung. Sie zielen darauf ab, Lösungen zu schaffen, die über Prototypen hinaus eingesetzt werden können. Sie sind meist zeitlich großzügiger angelegt und binden oft bereits Beteiligte ein, die für Produktion und Finanzierung verantwortlich sind oder zumindest entsprechendes Wissen bereitstellen können.

> **Nachhaltiges Praxisbeispiel**
>
> Eine NGO, die sich für Nachhaltigkeit in der Kultur- und Eventbranche einsetzt, möchte Ideen für konkrete Projekte oder Fragestellungen aus bereits laufenden Projekten im Austausch mit Studierenden sammeln. Die besten Ideen aus dem Makeathon werden direkt von der NGO zusammen mit Partner*innen umgesetzt. ◀

Zukunfts- und Innovationslabore
Ein mittel- bis langfristig laufendes Format, das unterschiedliche Beteiligte über Zukunftsthemen zusammenführt, sind Innovationslabore. Die Organisation, die das Labor initiiert, kann ihre Forschungsfragen und Herausforderungen – beispielsweise zu Themen wie Kreislaufwirtschaft oder nachhaltiger Digitalisierung – sichtbar machen und/oder andere Beteiligte einladen, ihre themenverwandten Herausforderungen einzubringen.

Innovationslabore bieten normalerweise einen Freiraum, den es im täglichen Betrieb der Organisationen aufgrund der üblichen Routinen kaum gibt. Neben internen Expert*innen und Inspirator*innen können auch Externe Teil des

Innovationslabors werden. Die Ideensammlung und das Prototyping zusammen mit unterschiedlichen Beteiligten führen in der Regel zu Ergebnissen, die danach mit Blick auf eine reale Umsetzung noch einmal geprüft oder im Idealfall sogar direkt realisiert werden.

Nachhaltiges Praxisbeispiel

Das City Lab Berlin ist ein Innovationslabor, das verschiedene Akteure aus Verwaltung, Wissenschaft, Wirtschaft und Gesellschaft zusammenbringt, um gemeinsam an Lösungen für urbane Herausforderungen zu arbeiten. Durch Projekte und Workshops zu Themen wie digitale Transformation und nachhaltige Stadtentwicklung bietet das Lab einen Raum für kreative Ideen und praxisnahe Prototypen, die oft direkt in der Stadt Berlin umgesetzt werden. ◄

Reallabore
Eine weiterentwickelte Form von Innovationslaboren sind Reallabore. Das Besondere daran ist, dass die entwickelten Prototypen unter realen Bedingungen ausführlich getestet werden können. Bei radikaleren Innovationsformen kommt es häufig zu einer Zusammenarbeit mit Behörden oder Vertreter*innen der Gesetzgebung, die regulatorische Ausnahmen im Reallabor ermöglichen. Ein Beispiel wäre ein Reallabor für autonomes Fahren, in dem neue Technologien im Straßenverkehr getestet werden.

Forschungsnetzwerke und Innovationsökosysteme
Als Verbund von Unternehmen und Wissenschaftsorganisationen erkunden Forschungsnetzwerke ähnliche Fragestellungen rund um neue Technologien, Prozesse, Materialien und mehr. Die Zusammenarbeit erfolgt entweder kurzfristig zu spezifischen Fragen oder langfristig mit einem gemeinsamen Fokus auf übergeordneten Forschungsthemen. Forschungsnetzwerke haben vielfältige Verbindungen zu Innovationsökosystemen. Beide können durch den Austausch mit der Politik auch regulatorische Rahmenbedingungen inspirieren.

Nachhaltiges Praxisbeispiel

Der Betreiber eines Kraftwerks möchte neue CO_2-sparende Formen der Energieerzeugung erforschen und arbeitet dafür in einem Netzwerk mit anderen lokalen Unternehmen und Forschungsorganisationen zusammen, die Geothermie und deren Möglichkeiten im lokalen Umfeld des Kraftwerks untersuchen. Die Forschungsaufträge für die beteiligten Wissenschaftsorganisationen werden von den beteiligten Unternehmen in Zusammenarbeit mit dem Kraftwerk finanziert, die ebenfalls an dieser Form der Energiegewinnung interessiert sind. Zusätzlich wird die Forschung öffentlich gefördert. ◄

Digitale Innovationsplattformen
Alle genannten Formate können mit analogen Veranstaltungs-, Begegnungs- und Kollaborationsformaten flankiert in Prozesse übersetzt werden. Durch die Digitalisierung wird es aber möglich, Teile von Innovationsprozessen über digitale Plattformen umzusetzen. Solche Plattformen ermöglichen eine breitere Einbindung von Beteiligten und eine flexiblere Zusammenarbeit unabhängig von geografischen Beschränkungen.

Auf Basis unserer Auseinandersetzung mit den verschiedenen Methoden und Tools und unserer Erfahrung aus über 20 Jahren Beratungstätigkeit zwischen Design, Kommunikation und Innovation entwickelten wir gemeinsam mit dem Innovationsberater Luzius Rüedi einen Prozess für nachhaltige Innovationsprojekte. Diesen Prozess, der die bisher aufgeführten Fragen und Herausforderungen der Kommunikation einbindet und löst, nutzen wir unter anderem für Beratungsprojekte in unserem gemeinsam gegründeten Unternehmen „Novisio" (siehe Abb. 3.2).

1. **Auftragsklärung und Exploration:** Im ersten Schritt wird das Vorgehen mit der/dem Auftraggeber*in geklärt, zentrale interne und externe Stakeholder*innen, die in den Prozess mit eingebunden werden müssen, werden

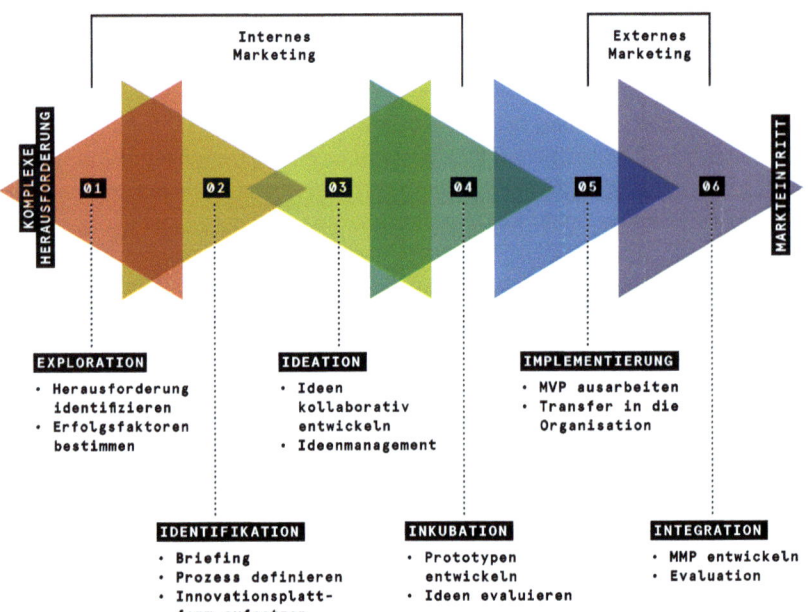

Abb. 3.2 Prozess von Novisio

identifiziert und die Strategie zur Kommunikation der einzelnen Phasen nach innen und außen wird inhaltlich skizziert. Auch die Verfahrensweise bzw. die Anforderungen an IP (Intellectual Property) müssen hier ausreichend geklärt und definiert werden.

2. **Identifikation von Forschungsfragen:** Vor allem bei sogenannten „Wicked Problems" (besonders komplexen Fragestellungen und Herausforderungen) ist es wichtig, genau zu identifizieren, was die Forschungsfragen sind. Das kann beispielsweise in einem Workshop-Format geklärt werden, das auf die Untersuchung der zentralen Herausforderungen des Unternehmens ausgerichtet ist. Dabei dürfen die Erfolgsmetriken nicht vergessen werden – also die Bestimmung des Zustands oder des konkreten Ergebnisses, das als Erfolg des Innovationsprozesses gewertet werden kann.
3. **Matching mit Forschung und Wissenschaft und Ideation:** Nach erfolgreicher Definition und Schärfung der Forschungsfragen sollte ein Matching und eine erste Ideenfindungsphase mit den passenden Expert*innen, Wissenschaftler*innen und Forscher*innen erfolgen, wobei Interdisziplinarität ein entscheidender Erfolgsfaktor ist. Dabei kann es sinnvoll sein, nicht nur mit einzelnen Hochschulen, Universitäten oder Forschungsinstituten zusammenzuarbeiten, sondern möglichst verschiedene Perspektiven einzubinden. Für spezifische Themen gibt es bereits Matching-Plattformen, die entweder von den Bundesländern oder Forschungsorganisationen und -verbünden betrieben werden (z. B. zur Krebsforschung: https://dktk.dkfz.de/forschung/dktk-wissenschaftler/database-researchers). Wir empfehlen, speziell kuratierte Forschungscommunities zu entwickeln, die als Gruppe von Expert*innen ganz spezifisch zur Bearbeitung der individuellen Forschungsfragen ihres Unternehmens zusammengestellt werden.
4. **Inkubation erster Ideen:** Hier werden in einem festgelegten Zeitraum von den Wissenschaftler*innen im Austausch mit weiteren Stakeholder*innen (z. B. Mitarbeiter*innen aus Innovationsabteilung und Produktion, Kund*innen und Nutzer*innen) aus ersten Ideen konkretere Lösungen entwickelt. Ideen und Konzeptansätze können z. B. über eine digitale Plattform sichtbar gemacht werden und in der Community, die in den Innovationsprozess einbezogen ist, kommentiert und dialogisch weiterentwickelt werden. In dieser Prozessphase kann die interne Kommunikation intensiv eingebunden werden, um beispielsweise im Unternehmen über den voranschreitenden Prozess und dessen Ziele zu informieren und Wissensaustausch zu inspirieren.
5. **Weitere Implemtierung:** Aus den Ideen werden Prototypen entwickelt. Deren Umfang und Ausprägung hängt von der Komplexität der Forschungsfrage und dem Testkonzept ab, mit dem spätere Nutzer*innen der Lösung Feedback zum Gegenstand des Innovationsprozess geben oder Produktionsfragen geklärt werden sollen. Die Prototypen können dann etwa über Testergebnisse, die Forschungscommunity oder eine ausgewählte Expert*innen-Jury ausgewertet werden.

6. **Integration und Markteintritt:** In den weiteren Schritten geht es um die Weiterentwicklung der ausgewählten Prototypen hin zur Marktreife, was einer starken Anbindung an die internen und externen Prozesse sowie die Wertschöpfungs- und Lieferketten rund um die neuen Angebote und Lösungen bedarf. Hier kann die Einbeziehung weiterer Stakeholder*innen in den Innovationsprozess erforderlich sein.

▶ **Nachhaltig merken** Im gesamten Innovationsprozess gibt es für interne und externe Kommunikation und Marketing viele Storys und Fakten, die die Markenwahrnehmung stärken können. Die glaubwürdige Verbindung Ihrer Marke zu Nachhaltigkeit entsteht natürlich speziell auch in Innovationsprozessen, in denen es um Lösungen geht, die sozial, wirtschaftlich und ökologisch verantwortlich konzipiert und realisiert werden.

3.3 Wie lassen sich Innovationsthemen rund um Nachhaltigkeit ins Marketing übertragen?

Alle genannten Open-Innovation- und Co-Creation-Formate lassen sich hervorragend in die Außenkommunikation und ins Marketing integrieren. Besonders in Kombination mit Nachhaltigkeitsthemen sind offene Innovationsformate eine ideale Wahl, da sie durch die Einbindung verschiedener Beteiligter ermöglichen, sowohl wirtschaftliche als auch soziale und ökologische Perspektiven zu berücksichtigen und dadurch Lösungen für wirklich komplexe Probleme zu schaffen. Wie offene Innovationsformate direkt im Marketing genutzt werden können, machen große Marken mittlerweile vor.

Nachhaltiges Beispiel

So forscht Adidas seit Jahren an neuen Materialien und Recyclingmethoden, um für die Schuhe mit den drei Streifen kein Neuplastik mehr verwenden zu müssen. 2015 wurde zusammen mit einer Umweltorganisation ein Laufschuh aus Plastikabfällen vom Strand entwickelt. Seit 2021 ist der „Made to be Remade"-Laufschuh im Handel: Wird er nicht mehr getragen, kommt er zurück in den Laden – und wird später gewaschen, zerlegt, eingeschmolzen und neu verarbeitet. Daneben forscht Adidas an organischen Materialien, die biologisch abbaubar sind – etwa aus Mais, Algen, Eukalyptus, Kautschuk, Eiweißen und Pilzen. Dafür ist Adidas auf starke Partner aus der Biotech-Branche ebenso angewiesen wie auf Unterstützung. So ist das Projekt Algaetex, das untersucht, ob Algen-Polymere künftig Erdöl-basierte Fasern im großen Stil ersetzen können, eines von zehn Projekten, die die Bundesregierung im Rahmen des sogenannten Innovationsraums

Biotexfuture fördert. Flankiert werden Forschung und Innovation durch entsprechende Marketingkampagnen. „Plastikmüll ist das Problem und Innovation ist unsere Lösung", heißt es etwa in einem Adidas-Spot. ◄

Wie Adidas arbeiten viele Marken an nachhaltigen Innovationen, die sie der staunenden Öffentlichkeit nur zu gern präsentieren. Allerdings lohnt sich gerade bei spektakulären Produktinnovationen ein prüfender Blick auf den tatsächlichen Effekt. Oft bleibt nämlich unklar, ob sie wirklich weitreichende Lösungen bieten oder eher als Marketinginstrumente fungieren. Greenwashing bedeutet ja nicht nur, falsche Behauptungen über Nachhaltigkeit zu verbreiten, sondern auch Entwicklungen als Lösung zu präsentieren, die nicht dauerhaft implementierbar sind. Dennoch können diese ersten Schritte wertvoll sein, um langfristig zu echten, weitreichenden Lösungen zu gelangen. Wenn man diese nach außen klar als Experimente kommuniziert, werden Missverständnisse und Greenwashing vermieden.

Ein weiterer wichtiger Aspekt von Co-Creation-Formaten, der im Marketing genutzt werden kann, ist die Förderung der Markenloyalität und Identifikation unter den Beteiligten.

▶ **Nachhaltig merken** Die Teilnehmenden im Open-Innovation-Prozess können als Botschafter*innen der Marke und ihrer Innovationsprojekte agieren. Denn Marken, die als Absender*innen von Innovationsplattformen auftreten und Expert*innen sowie Beteiligte einbinden, die soziale, wirtschaftliche und ökologische Perspektiven reflektieren, werden nach außen eher mit Nachhaltigkeit assoziiert.

Doch wie beeinflussen sich Marketing und Innovationsprojekte gegenseitig? In einer sich schnell verändernden Welt sind Innovationsprojekte und -prozesse das Herzstück des Marketings. Auch wenn Bestandsangebote und Best Practices gleichzeitig vermarktet werden müssen, entsteht Aufmerksamkeit durch Neues. In diesem Sinne ist auch Innovation, die nicht zu dauerhaften Angeboten führt, ein Marketingthema.

Innovative Produkte und Projekte, die frühzeitig in Richtung Marketing geöffnet werden, ermöglichen zudem Lernen im direkten Austausch mit der Umwelt der Organisation – also mit potenziellen Kund*innen, Nutzer*innen, wissenschaftlichen Expert*innen, Gesetzgeber*innen und vielen anderen. Der Schutz von Intellectual Property (IP) ist dabei sorgsam im Blick zu halten, hängt aber auch stark von den Themen und Zielen der Innovationsprozesse ab.

Noch einen Schritt weitergedacht: Vielleicht wird nachhaltiges Wirtschaften in seiner gesamten Komplexität erst dadurch möglich, dass Innovation und Marketing zusammen gedacht werden. Oder anders formuliert: Durch offene Innovationsprozesse reflektieren viele Menschen mit und können Herausforderungen lösen, die eine Organisation aus sich heraus nicht bewältigen kann. Diese Herausforderungen gibt es im Bereich von Nachhaltigkeit besonders häufig, da alles unter einen Hut gebracht werden muss: Mensch, Umwelt, Wirtschaftlichkeit und eine mittel- bis langfristige Perspektive auf Basis der neuesten Wissenschaft und Forschung im Unterschied zu Mitbewerber*innen. Eigentlich ein Ding der Unmöglichkeit – aber manchmal wird das vermeintlich Unmögliche gemeinsam eben doch möglich.

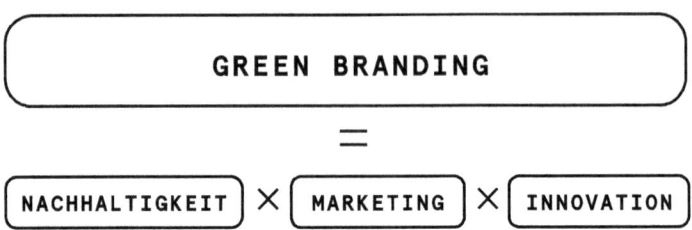

Zur Vermeidung von Greenwashing tragen unterschiedlichen Aspekte von Open-Innovation-Prozessen und Co-Creation bei. Durch die Beteiligung von verschiedenen unabhängigen Expert*innen entsteht eine Multiperspektivität bei der Weiterentwicklung von Produkten, Prozessen oder Angeboten, die eine tiefgehende inhaltliche Auseinandersetzung mit Forschungsfragen ermöglicht. Auf diesem Weg werden auch Daten und Hintergründe sichtbar, die später für Nachhaltigkeitsreporting genutzt werden können.

Durch die gleichzeitige Öffnung des Innovationprozesses über Kommunikation und Marketing nach außen entsteht im positiven Sinne Druck zur Umsetzung der entwickelten Ideen für die Führungsebene der Organisation, die den Prozess angestoßen hat. Auch wird so mehr Transparenz im Prozess gefördert, da beispielsweise die Entwicklung eines neuen Produkts weiter von außen beobachtet wird. Im offenen Innovationsprozess können zudem durch die Multiperspektivität und das vielfältige Wissen der Beteiligten ähnliche Lösungen von Mitbewerber*innen schneller sichtbar werden.

Literatur

Brown T (2009) Change by design: how design thinking creates new alternatives for business and society. Harper Business, New York

Fahrenkrog G, Heller L, Blümel I (2023) Hackathons and other participatory open science formats. Res Ideas Outcomes 9. https://doi.org/10.3897/rio.9.e94851. https://riojournal.com/article/94851/. Zugegriffen am 15.07.2024

Beispiele aus der Praxis 4

4.1 Sonderfall Lebensmittelbranche – eine Einführung

Im Folgenden betrachten wir drei Organisationen auf ihrem Weg zu mehr Nachhaltigkeit. Bei der Auswahl entschieden wir uns für Unternehmen aus der Lebensmittelbranche, da diese aktuell vor besonders großen Herausforderungen steht: Landwirtschaft und Ernährung gehören zu den massiven Treibern des Klimawandels. Die Lebensmittelproduktion ist verantwortlich für bis zu 30 % aller Treibhausgasemissionen und 70 % des Frischwasserverbrauchs, 40 % der Landflächen unseres Planeten werden für die Landwirtschaft genutzt (vgl. BMBF o. J.). Damit sind wir schon längst am Limit: Aktuell produzieren wir die Lebensmittel für die Erdbevölkerung unter massiver Überschreitung der ökologischen Belastungsgrenzen der Erde (Planetary Boundaries), was die Stabilität des Ökosystems und die Lebensgrundlagen für Mensch und Tier stark gefährdet. Wollen wir unsere Lebensgrundlagen erhalten, muss sich nicht nur ändern, was auf unsere Teller kommt. Auch auf unseren Feldern, im Lebensmittelhandwerk, in Industrie und Handel sowie in Großküchen muss vieles auf den Prüfstand.

Das Konzept der „Planetary Boundaries" wurde Anfang 2019 öffentlich: mit dem Report der EAT-Lancet-Kommission, der 37 Wissenschaftler*innen aus unterschiedlichen Disziplinen und 16 Ländern angehörten. Die Kommission ermittelte sechs Faktoren, von denen unsere Ernährungsversorgung abhängt: Wasser, Land, biologische Vielfalt, Klima, Stickstoff und Phosphor. Für jeden Faktor schlugen die Wissenschaftler*innen Grenzen vor, innerhalb derer die globale Lebensmittelproduktion in Zukunft agieren sollte. Doch die Kommission zeigte nicht nur Grenzen auf, sie präsentierte auch eine Lösung: die Planetary Health Diet, eine radikale

Strategie zur Transformation der globalen Lebensmittelproduktion und eine konkrete Orientierung für eine gesunde, nachhaltige Ernährung jedes Einzelnen (vgl. Kirk-Mechtel 2020).

Der Report hatte direkten Einfluss auf die Politik und die Lebensmittelbranche. So formulierte die Europäische Union im Rahmen des Green Deals die „Farm to Fork"-Strategie, die für jede Stufe der Lebensmittelwertschöpfungskette – von der Produktion über den Vertrieb bis zum Verbrauch – konkrete Maßnahmen und Ziele vorschlägt (vgl. Europäische Kommission o. J.). Damit sollen der Einsatz von Pestiziden und Düngemitteln reduziert, biologische Landwirtschaft gefördert und Lebensmittelverschwendung vermieden werden. Manche Länder Europas, so auch Deutschland, passten ihre nationalen Ernährungsrichtlinien an und setzten einen neuen Fokus auf eine pflanzenbasierte Ernährung, die sowohl gesundheitsfördernd als auch umweltfreundlich ist. Auch private Unternehmen wurden durch den Report direkt beeinflusst, so wie etwa Unilever und Nestlé, die damals ankündigten, ihre Nachhaltigkeitsziele auf den Empfehlungen der EAT-Lancet-Kommission aufzubauen.

Inzwischen ist der Transformationsdruck in der gesamten Branche groß. Ökologische Produkte sind nicht mehr nur in speziellen Läden zu finden, sondern im Massenmarkt angekommen. Hier spielt die Nachhaltigkeit eines Lebensmittels heute eine entscheidende Rolle bei der Kaufentscheidung und gibt vielen Konsument*innen Orientierung am Supermarktregal. Und in den Unternehmen der Lebensmittelbranche wird Nachhaltigkeit zu einem starken Treiber für Transformationsprozesse.

Allerdings: So wichtig den Konsument*innen und auch dem Handel der Aspekt der Nachhaltigkeit ist – an den Mehrkosten möchten sie nicht beteiligt werden; die Inflation tut ihr Übriges. Die Finanzierung der Transformation ist daher für viele Unternehmen eine große Herausforderung. Zusätzlich bindet die Erfüllung der Transparenz- und Offenlegungspflichten Kapazitäten, kostet Zeit und Geld. Nicht zuletzt fühlen sich manche Unternehmen angesichts der vielen großen Themen schlichtweg überfordert: Klimaziele, Biodiversitätsverlust, Wasserknappheit, faire Lieferketten – wo anfangen?

Nach einer aktuellen Studie der Bundesvereinigung der Deutschen Ernährungsindustrie in Zusammenarbeit mit RSM Ebner Stolz, vorgestellt auf der Grünen Woche im Jahr 2024, haben nur 58,3 % der Unternehmen in der Ernährungsbranche eine Nachhaltigkeitsstrategie aufgesetzt (vgl. Petersen und Havermann 2024). Einen eigenen Nachhaltigkeitsbericht erstellt bisher nur ein Drittel. Die Hälfte der befragten Unternehmer*innen gibt an, nicht genügend Ressourcen oder Know-how im Unternehmen zu besitzen, um ihr eigenes Unternehmen nachhaltig umzubauen. „Viele Unternehmen gehen das Thema beherzt an, sind sich aber aufgrund der Fülle und teilweise Unklarheit der Anforderungen ihrer Stakeholder über den konkreten Weg zur Lösung nicht im Klaren", schreiben die Autor*innen der Studie in ihrer Zusammenfassung (Petersen und Havermann 2024, S. 31). „Parallel zu den aktuellen Herausforderungen aus Rezession, Konsumverzicht und unter Druck geratenen eigenen Renditen" müssten die Unternehmen individuelle Lösungen finden.

Die von uns beispielhaft beleuchteten Unternehmen spiegeln unterschiedliche Typen von Organisationen wider – vom Start-up über ein etabliertes KMU bis hin zum Großunternehmen – und haben jeweils einen Weg eingeschlagen, der uns und andere inspiriert. Wir danken BettaF!sh, der Florida-Eis Manufaktur GmbH und der Melitta GmbH für die Bereitschaft, sich ausführlich mit uns zu Fragen der eigenen Nachhaltigkeit auszutauschen.

4.2 BettaF!sh: Der bessere Fisch wird aus Algen gemacht

Liebe ist bekanntlich oft eine treibende Kraft. Bei dem Berliner Start-up BettaF!sh war es, so Mitgründerin Deniz Ficicioglu, „die Liebe zum Meer". Diese wird spürbar, sobald man sie reden hört: über die Überfischung der Ozeane, zerstörerische Fangmethoden, den Rückgang der Arten – und ihr Start-up, das Lösungen bietet. Deniz Ficicioglu trägt die Liebe zum Meer sogar im Namen – Deniz heißt Meer – und ihre Marke BettaF!sh eben das, was die Welt in den Augen der Gründer*innen jetzt dringend braucht: einen besseren Fisch.

Der bessere Fisch wird aus Algen gemacht. Für den Thunfischersatz nutzt das Unternehmen neben Ackerbohnen aus Europa eine Reihe an in Europa einheimischen Algenarten aus Norwegen, so z. B. die wild wachsende Algenart Himanthalia, auch Riementang genannt, sowie Alaria, besser bekannt als Flügeltang. Den ziehen norwegische Algenfarmer an langen Leinen aus dem Meer. Die Ernte wird getrocknet, zu Mehl gerieben – und zur Kernzutat für den pflanzlichen Brotaufstrich, der nach Thunfisch schmeckt und auch so aussieht. Sogar in der Dose gibt es „TU-NAH" schon.

Algen bieten als Rohstoff für Lebensmittel zahlreiche Vorteile. Für ihren Anbau werden weder zusätzliches Ackerland noch Süßwasser erforderlich, auch kein Dünger und Pestizide benötigt – sprich: Sie schonen planetare Ressourcen und belasten nicht die Umwelt. Im Gegenteil: Algen binden CO_2 (und zwar dreimal so viel wie Pflanzen an Land) und tragen zur Biodiversität in Meeren und Ozeanen bei, da sie kleinen Fischen Lebensraum und Nahrung bieten. Algen wachsen schnell nach, sind also keine knappe Ressource. Und nicht zu vergessen: Die Pflanzen aus dem Salzwasser schmecken nach Meer – so wie der weltweit beliebte Fisch. „Wir ersetzen Tiere aus dem Meer mit Pflanzen aus dem Meer", bringt es Ficicioglu in unserem Interview auf den Punkt. Und der TU-NAH war erst der Anfang.

Um weitere Lebensmittel aus Algen zu entwickeln und Geschmack, Textur und Optik laufend zu optimieren, forscht das Berliner Start-up, hinter dem übrigens die wunderfish GmbH steht, auch selbst: In einer eigenen Entwicklungsabteilung wird mittels angewandter Forschung beispielsweise der Frage nachgegangen, wie der Anbau- und Verarbeitungsprozess von Algen noch nachhaltiger werden kann – oder wie Algen so weiterverarbeitet werden können, dass weitere gute und kostengünstige Produktvarianten entstehen. Auch wie der Proteinanteil in den Thunfisch-Ersatzprodukten erhöht werden kann, wird hier erprobt.

Die Forschungsergebnisse nutzt das Unternehmen nicht nur selbst, zum Teil werden sie auch dem Branchenumfeld zugänglich gemacht. Denn Fragestellungen zur nachhaltigen Nutzung von Algen in der Lebensmittelindustrie lassen sich im Zusammenspiel mit spezialisierten Forschungsorganisationen und im Rahmen von Innovationsökosystemen nicht nur besser bearbeiten, sondern haben gleich einen größeren Impact.

Daneben liefern die Forschungsfragen spannende Inhalte für das Marketing und helfen bei der Positionierung der Marke als Pionier*in der Lebensmittelproduktion mit Algen. Auch der Versuch, wirklich nachhaltige Produkte zu schaffen, kann mit den aus der Lebensmittelforschung gewonnenen Daten und Erkenntnissen klarer nach außen kommuniziert werden. Denn neben dem B2C-Marketing zum Vertrieb der Produkte in Richtung Endkund*innen ist das B2B-Marketing im Geschäftsmodell von BettaF!sh von besonderer Bedeutung: Das Unternehmen positioniert die eigenen Produkte nicht nur in Richtung Vertriebspartner*innen (Großhandel, Retail), sondern entwickelt zusammen mit Produzent*innen (Lebensmittelindustrie und Foodservices) auch neue Produkte.

Im Rahmen eines Beratungsprojektes analysierten wir gemeinsam mit dem Team von BettaF!sh die gesamte Wertschöpfungskette (siehe Abb. 4.1). Denn um Nachhaltigkeit glaubwürdig kommunizieren zu können, muss diese in jedem einzelnen Glied dieser Kette nachweisbar sein. Wir führten qualitative Interviews mit Personen aus Geschäftsführung, Produktentwicklung, Supply-Chain-Management, Marketing, Vertrieb und Business Development. Dabei wollten wir von unseren Gesprächspartner*innen z. B. wissen, in welchen Bereichen der Wertschöpfungskette ihrer Meinung nach die Produkte von BettaF!sh besonders nachhaltig sind und eine positive Wirkung erzielen – und in welchen nicht. Mit Blick auf die Struktur der Wertschöpfungskette analysierten wir die Produkte. Auch interessierte uns, warum das Unternehmen mit den identifizierten Beteiligten zusammenarbeite, wo aktuell noch ein Workaround oder Kompromiss sei und wo die Zusammenarbeit besser sein könnte, wo es im Prozess also hakt.

4.2 BettaF!sh: Der bessere Fisch wird aus Algen gemacht

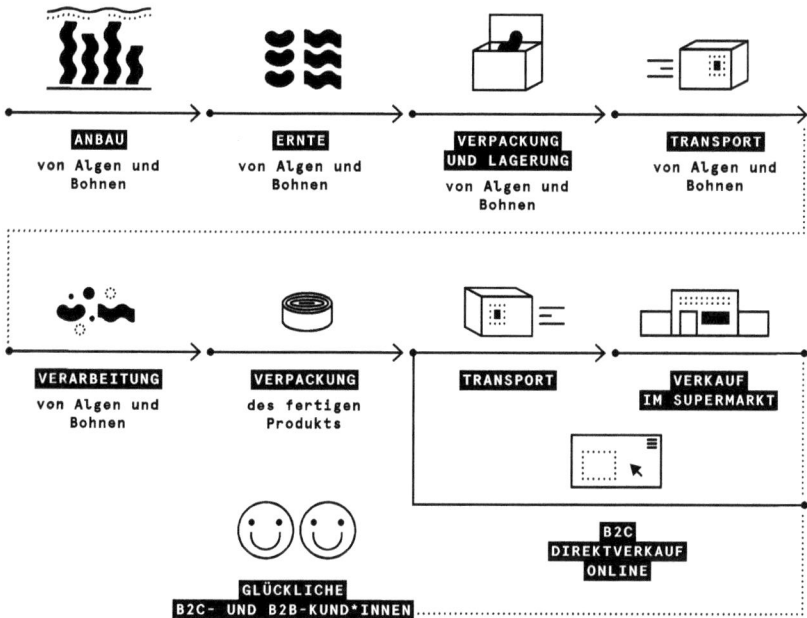

Abb. 4.1 Wertschöpfungskette von BettaF!ish

Durch die vielen Gespräche gewannen wir einen profunden Einblick in die verschiedenen Bereiche der unternehmerischen Tätigkeit von BettaF!sh und konnten unsere Analyse in folgende Themenbereiche gliedern:

1. Der Ozean als Ökosystem und globale Landwirtschaft
2. Anbau von Meeresalgen in Küstengebieten
3. Ernte der Meeresalgen und Logistik
4. Verarbeitung zu Lebensmitteln und Verpackung
5. Konsum und Verkauf am POS
6. Marketing und Vertrieb B2C
7. Marketing und Vertrieb B2B
8. Organisation und Wertschöpfung allgemein
9. Forschung

Mit Blick auf die Unternehmensentwicklung und die eigene Nachhaltigkeit liefert die ganzheitliche Betrachtungsweise wichtige Erkenntnisse über Stärken, Schwächen, Risiken und Potenziale von BettaF!sh. Neben der Lebensmittelherstellung bietet etwa der Bereich der Verpackung noch zahlreiche Optimierungsmöglichkeiten, die im Austausch mit Hersteller*innen weiterentwickelt werden können. Als künftiges Material für die Verpackung werden hier übrigens auch Algen getestet.

Entwicklungsmöglichkeiten wie diese sollten unbedingt aufgezeigt und konkretes Handeln sollte angekündigt werden. Denn durch die Übertragung dieser Zukunftsoptionen in die Außenkommunikation werden die externen Adressat*innen, die diese Botschaften empfangen, zu Beobachter*innen und Kontrolleur*innen und als solche in der Folge auf deren Umsetzung achten. Die Verbesserungspotenziale im Bereich der Verpackung sind bei BettaF!sh daher Teil der eigenen Nachhaltigkeitskommunikation. Konkrete (Innovations-)Projekte müssen folgen, um dem eigenen Nachhaltigkeitsanspruch gerecht zu werden.

Diese Projekte entstehen teilweise auch im Austausch mit Beteiligten aus der Verpackungsindustrie oder der Forschung und führen zu systemischen Lösungsansätzen, die über den Einsatz im Lebensmittelbereich hinausgehen – ein spannendes Thema, das als Geschichte zum Teil der Unternehmenskommunikation gemacht werden kann und Authentizität und Glaubwürdigkeit in der Markenwahrnehmung schafft.

Neben diesen konkreten Spielräumen für Innovation in der Gegenwart und nahen Zukunft bietet die Analyse der Wertschöpfungskette noch eine weitere interessante Perspektive: den Blick auf alle Beteiligten rund um BettaF!sh, die deren Produkte erzeugen und zu den Kund*innen bringen. Die Konstellation dieser Stakeholder*innen ist entscheidend für die Nachhaltigkeit des Unternehmens, weil die gesamte Wertschöpfungskette vom wirtschaftlich, sozial und ökologisch verantwortlichen Verhalten jedes einzelnen Glieds abhängt. Transformationen zu mehr Nachhaltigkeit sind oft nur dann möglich, wenn Strukturen verändert und Beteiligte in Frage gestellt werden.

Im Falle von BettaF!sh ergeben sich hier aber auch einzigartige Möglichkeiten, die nachhaltige Wirkung der eigenen unternehmerischen Tätigkeit anhand von Geschichten rund um diese Beteiligten zu erzählen. Ein Beispiel sind die Küstenfischer, mit denen BettaF!sh in Europa in der Algenproduktion zusammenarbeitet. Sie nutzen den Algenanbau, der wissenschaftlich belegbar das Ökosystem Meer schützt, als alternative Einkommensquelle zum Fischfang.

Die Menschen, die diese Geschichten repräsentieren, können z. B. in Form von journalistischen Formaten wie Interviews oder Reportagen direkt zum Teil der Außenkommunikation gemacht werden. In diesem offenen Austausch mit Zielgruppen entstehen wiederum Möglichkeiten für zukünftige Projekte auf dem Weg zu mehr Nachhaltigkeit.

BettaF!sh und die Wertschöpfungskette rund um die einzelnen Produkte liefern differenzierte Einblicke in ein Unternehmen und dessen beständiges Streben nach Nachhaltigkeit und Innovation. Doch um den Antrieb für die konsequente Verfolgung des Unternehmenszwecks zu verstehen, sind Personen wichtig, die dafür regelrecht brennen. So wie Gründerin Deniz Ficicioglu mit ihrer Liebe zum Meer. Im Gespräch mit ihr wird der Gründungszweck verständlich und die dahinterstehende Haltung erfahrbar. Die Marke BettaF!sh, die sich auch auf die zugehörigen Produkte überträgt, wird so fassbar, die Markenpersönlichkeit im wahrsten Sinne des Wortes erlebbar.

Instrumente wie CEO-Positioning können direkt auf die Markenwahrnehmung einzahlen und schaffen Glaubwürdigkeit – was gerade in der Nachhaltigkeitskommunikation extrem wichtig ist. Denn warum sollte man einer Marke nicht vertrauen, die wie BettaF!sh eine so authentisch auftretende CEO hat, der man ihre Haltung (und die damit verbundene Positionierung) wirklich abnimmt: mit Algen und einer Menge Leidenschaft die Meere und vielleicht auch den ganzen Planeten retten zu wollen.

4.3 Florida-Eis: Von der Eisdiele in Spandau zum Musterbetrieb der Bundesregierung

Einst liebte er schnelle Autos. Olaf Höhn fuhr Formel V bis Formel 3. „Es konnte gar nicht genug qualmen und knattern", erzählt er gern. Die Pokale von damals füllen einen ganzen Schrank – und wirken wie Relikte aus einer anderen Welt. Denn heute mag Höhn an Autos, wenn sie weder qualmen noch knattern und stattdessen die Umwelt schonen. Auf der Firmenwebsite von Florida-Eis ist zu lesen, „dass es nichts Schöneres gibt als einen Elektro-Wagen. Er ist nicht nur leise, er rollt so soft und er schuckelt und ruckelt nicht. Und wenn ich einmal bremsen muss, dann lade ich sogar die Batterie wieder nach, sozusagen tanken während der Fahrt. Alles fast wie in einer Sänfte." (Florida-Eis o. J.-a)

Auch bei seinen Lkw setzt Höhn auf Elektro. Damit seine Lieferflotte so wenig wie möglich ausrücken muss, entwickelte er mithilfe der RFID-Technologie ein Onlinesystem, das Verbraucher*innen, Händler*innen und Florida-Eis selbst anzeigt, wo welche Eissorte fehlt, damit gezielt nachgeliefert werden kann. 900 t CO_2 hat Höhn in den letzten elf Jahren allein durch E-Mobilität eingespart. Alle Maßnahmen zusammen – so verrät ein Zähler auf jener Website – ergeben eine Ersparnis von insgesamt über 6000 t (Stand: Mai 2024). Doch wie wurde aus der früheren Eisdiele in Spandau ein „Musterbetrieb der Bundesregierung" und eine Inspirationsquelle für so viele andere Marken, die sich auf den Weg zu mehr Nachhaltigkeit machen wollen?

Im Jahr 1927 fing alles an: Im Vorraum des Spandauer Kinos Concordia, in dem die ersten Stummfilme liefen, füllte ein Ehepaar namens Blotkow sein selbst hergestelltes Eis in die Becher – Schoko, Vanille und Erdbeere. 1957 eröffnete an derselben Stelle das Eiscafé Annelie. Es war die Hochzeit der Milchbars, Eisdielen und Eiscafés – Olaf Höhn war damals acht Jahre alt. Mit 35 kaufte er jenes Café und taufte es um in „Florida-Eis" (im Fernsehen lief damals Miami Vice und der Name „Miami Eis" war leider schon vergeben). In den folgenden Jahren baute Höhn den Betrieb konsequent aus und errichtete am Stadtrand eine Eisfabrik. Dabei hielt er selbst mit wachsender Größe an den Prinzipien der Manufaktur fest – nicht wenige Eisfans behaupten, dass man das schmecken kann.

Das Jahr 2012 brachte für Höhn die ökologische Wende. Sohn Björn, der Hydrogeologie studierte und heute bei Florida-Eis den Einkauf leitet, führte seinem Vater die künftigen Folgen des Klimawandels vor Augen – wie etwa den Wassermangel – und was dies auch für die eigene Eisproduktion bedeuten könnte. Bei Höhn wurde ein Schalter umgelegt. „Klimaneutrale Eisproduktion" hieß fortan das Ziel – und Umweltschutz wurde zu Höhns Leidenschaft, wie er gerne sagt. Ab diesem Moment ließ er sämtliche Bereiche der Wertschöpfungskette zusammen mit Hochschulen und Wissenschaftsorganisationen erforschen und realisierte daraufhin tiefgreifende Veränderungen.

So ließ er am Stammsitz in Berlin-Spandau Photovoltaik, Solarthermie und Adsorptionsanlagen einbauen. Aus den Kältemaschinen gewinnt Höhn Energie zurück. Und in den Kühlräumen ist es mithilfe von Glasschaumschotter – einem 100 % recycelten Produkt aus Altglas – gelungen, einen Permafrostboden nachzubilden, der die normalerweise notwendige Bodenbeheizung unnötig macht. Mehr als 100.000 KW werden so jährlich an Energie gespart.

Gleichzeitig wird Handarbeit genutzt, um die Zutaten für das Eis herzustellen und bei der Dosierung auf den Einsatz von Maschinen verzichten zu können. Neben der Produktion ist auch die regionale Auslieferung des Speiseeises mit der eigenen elektrifizierten Fahrzeugflotte auf Umweltschutz ausgerichtet. Zusammen mit dem Fraunhofer Institut Dortmund, der TU Berlin und der Fachhochschule Fulda arbeitete Florida-Eis im Rahmen eines Forschungsprojekts des Bundesumweltministeriums an der Entwicklung kleiner und mittlerer Lkws, um zukünftig elektrisch Waren speziell in den Innenstädten auszufahren. „Wenn man in einem Forschungsprojekt integriert ist, gewinnt man nicht nur Erfahrung, sondern entwickelt auch Ehrgeiz, einen persönlichen Beitrag zu leisten", erzählt Höhn auf seiner Website, „somit wurde ich immer ungeduldiger und habe entschieden, einen großen Schritt nach vorne zu gehen und den ersten elektrischen Lkw mit eutektischer Kühlung durch Berlin zu schicken" (Florida-Eis o. J.-b). Der Maxus EV80 hat eine Reichweite von knapp 200 km, die Kühlung reicht nach einem einmaligen Aufladen bis zu zwei Tage.

Auch bei den Verpackungen wurde Florida-Eis innovativ: In einem mehr als fünfjährigen Forschungsprojekt entwickelte das Unternehmen kompostierbare Eisbecher auf Bambusbasis, die zu einem weiteren Alleinstellungsmerkmal wurden.

Und auch das Produkt selbst steht permanent auf dem Prüfstand: Mit der Uni Leipzig entwickelt Florida-Eis neue vegane Geschmacksrichtungen. Immer mehr Sorten auf Haferbasis nimmt Höhn ins Programm und will somit „die Kuh vom Eis holen" (Merx 2023).

Wir begegneten Olaf Höhn im Rahmen eines Projekts an der HWR Berlin, in dem wir im Rahmen des „Circular Applied Research Labs" gemeinsam mit dem Innovationsberater Luzius Rüedi und Studierenden aus unterschiedlichen betriebswirtschaftlichen Bereichen Lösungen zu Fragestellungen von Unternehmen im Bereich von Nachhaltigkeit entwickelten. Höhn begeisterte unsere Studierenden und auch die anderen beteiligten Unternehmen auf Anhieb. Warum? Weil er charismatisch ist und über seinen Weg zu mehr Nachhaltigkeit spannende Geschichten zu erzählen hat, die er mit den entsprechenden Fakten und Daten untermauert. Neben seiner unternehmerischen Tätigkeit liefern die Beziehung zu seinem Sohn Björn und der auf das eigene Unternehmen übertragene Auftrag, im Sinne von nachfolgenden Generationen zukunftsfähig zu bleiben, eine erzählerische Dimension, die das Engagement für Nachhaltigkeit emotionalisiert und glaubhaft macht.

Storytelling und Authentizität – zwei Faktoren, die nicht nur starke Marken ausmachen, sondern auch für Nachhaltigkeitskommunikation unabdingbar sind. Und Florida-Eis liefert auch die dritte essenzielle Zutat: tiefgreifende Innovation und wissenschaftlich fundierte Daten, die Belegbarkeit und zusätzliches Vertrauen schaffen und Greenwashing vorbeugen.

Wenn Florida-Eis im Innovationsmanagement konsequent den Weg in Richtung Nachhaltigkeit verfolgt und damit auch Vorbild für andere Unternehmen ist, bietet dies weiterhin große Potenziale für die B2B-Markenkommunikation, aber auch gegenüber Verbraucher*innen, die gerne hinter die Kulissen der Produktion von hochwertigen Lebensmitteln schauen. Dies ist aber auch eine Herausforderung, der die Kommunikation gerecht werden muss.

Um Geschichten rund um die Marke Florida-Eis und komplexe und forschungsbasierte Themen an unterschiedliche Beteiligte ohne genaueres Hintergrundwissen zur Produktion von Speiseeis zu kommunizieren, sind Kompetenzen aus dem Bereich der Wissenschaftskommunikation sehr hilfreich. Durch Visualisierungen von Prozessen und komplexeren Sachverhalten kann ein tiefgreifendes Bewusstsein und Verständnis für die produktionstechnischen Errungenschaften von Florida-Eis entstehen und somit die Einzigartigkeit der Marke glaubhaft nach außen erlebbar gemacht werden.

Florida-Eis wird und sollte in Zukunft auch weiterhin als Pionier im Feld der Speiseeisproduktion positioniert werden, ohne dass Erwartungshaltungen mit Blick auf absolute Nachhaltigkeit entstehen. Olaf Höhn baut diesen Erwartungen in der Außendarstellung der Marke vor und stellt die eigene Nachhaltigkeit als laufenden Lernprozess und mittel- bis langfristiges Streben dar, das aber immer wieder neue Forschungsfragen aufwirft und Innovation zum dauerhaften Prinzip in der DNA des Unternehmens macht.

Eine weitere Stufe dieses Anspruchs spiegelt sich im neuen Standort in Sachsen-Anhalt wider. Hier sollen auf über 42.000 m² die Produktionskapazitäten im Verhältnis zum Stammsitz des Unternehmens in Berlin verfünffacht werden (40 bis 50 Eisstraßen soll es hier geben, in Spandau sind es 26) – und das unter Beibehaltung des Prinzips der ökologischen Nachhaltigkeit mit eigener Windkraftanlage, Geothermie, innovativer PV-Technik und einer Umsetzung der Produktionshallen als Holzgebäude. In Bezug auf das Holz stand der emeritierte Direktor des Potsdam Institute for Climate Impact Research, Hans Joachim Schellnhuber, beratend zur Seite. Für die Technik wurde das Fraunhofer-Institut gewonnen. Auch grünen Wasserstoff möchte Höhn hier produzieren und ins Netz einspeisen.

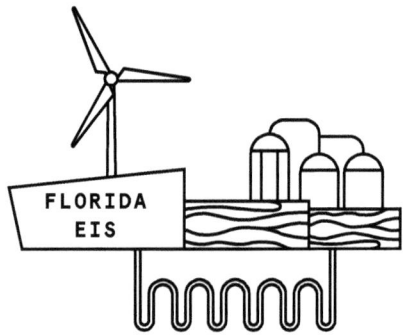

Dieses erweiterte Streben nach unternehmerischer Nachhaltigkeit, das zunächst Forschung und höhere Investitionen erfordert, zahlt sich aber auch wirtschaftlich für Florida-Eis aus. In Verbindung mit den neuen Bewertungsprinzipien von Nachhaltigkeit im Zuge der EU-Taxonomie betrachten Banken Florida-Eis als attraktives Unternehmen für Kreditvergabe und Finanzierung.

Die Reputation, die Olaf Höhn durch sein Engagement für die Marke Florida-Eis erzeugt, zeigt sich auch in der Auszeichnung als Musterbetrieb der Bundesregierung. Immer wieder werden internationale Besucher*innen und Vertreter*innen von anderen Unternehmen durch die Produktionsanlagen geführt. Dabei werden auch die persönliche Geschichte von Olaf Höhn und sein Weg Richtung Nachhaltigkeit erlebbar.

Die Personifikation der Marke Florida-Eis in Verbindung mit Olaf Höhn erzeugt also ein maximales Maß an Glaubwürdigkeit und einen emotionalen Zugang zu den Inhalten, für die das Unternehmen steht. Wie nachhaltig ist aber die Wirkung dieser Form der Markenpositionierung, wenn Olaf Höhn irgendwann aus dem Unternehmen ausscheidet? Hier kommt die Nachfolgefrage ins Spiel, die auch bei vielen großen Marken eine Rolle spielt, sobald sich strahlende Gründer*innenfiguren zurückziehen und die Außenwahrnehmung nicht mehr prägen.

Markenkommunikation bietet hier aber auch andere Lösungsprinzipien. Sobald durch konsequente Markenführung eine klare Positionierung durch viele Geschichten rund um Florida-Eis erlebbar werden, die nicht nur um die Person Olaf Höhn kreisen, verselbstständigt sich die Markenwahrnehmung wieder und wird personenunabhängig. Und bei diesen erweiterten Formen von Storytelling und Nachhaltigkeitskommunikation können auch andere Menschen ins Zentrum rücken und zu Botschafter*innen der Marke werden. Diesen Übergang gilt es für die Marke Florida-Eis nun vorausschauend zu gestalten – mit glaubhaften und spannenden Inhalten rund um Innovation, Forschung, Umweltschutz, mit leckerem Eis und Menschen, die als Gesichter der Marke Florida-Eis sichtbar werden.

4.4 Melitta Gruppe: Bis heute inspiriert die Gründerin

Mit einem Stück Löschpapier aus dem Schulheft ihres Sohnes fängt alles an: Melitta Bentz, passionierte Kaffeetrinkerin ohne Vorliebe für dessen bitteren Geschmack, durchlöchert den Boden eines Messingbechers mit Hammer und Nagel und legt das Löschpapier darauf. Sie löffelt etwas Kaffee auf das Papier, gießt heißes Wasser darüber – und der Rest ist Geschichte. Genauer: Firmengeschichte der Melitta Gruppe. Aus dem Unternehmen, das die Erfinderin der Filtertüten im Jahr 1908 mit einem Firmenkapital von 72 Reichspfennigen in ihrer Dresdner Wohnung gründete, ist ein global agierendes Unternehmen mit mehr als 6000 Beschäftigten und Hauptsitz im westfälischen Minden geworden. Neben Produkten rund um Kaffee gehören auch Haushaltsfolien und -papiere sowie Abfallbeutel, z. B. von Marken wie Toppits oder Swirl, zur Gruppe.

Bis heute inspiriert die Gründungsgeschichte der Melitta Gruppe die Marke, ist Ursprung ihrer zentralen Werte und nicht zuletzt die Basis für heutige Transformationsvorhaben. So gelten Innovationskraft, Orientierung an Kundenbedürfnissen und die Wertschätzung von Mitarbeitenden (Create Impact) als wichtige selbstformulierte Ansprüche des Unternehmens. Dass die Melitta Gruppe noch immer in Familienbesitz ist, hilft, diesen Gründerinnengeist weiter zu tragen. Seit 2019 verfolgt das Unternehmen zudem strategisch die nachhaltige Transformation der drei Geschäftsfelder – Kaffee, Kaffeezubereitung und Haushaltsprodukte.

Wie ein solcher Wandel in einem mittelständischen Familienunternehmen funktioniert, das sich zwischen Regulatorik, Umwelteinflüssen und Eigeninitiative den vielfältigen Herausforderungen der ökologischen und gesellschaftlichen Transformation stellt, erfuhren wir von Stefan Dierks. Als Director Sustainability Strategy verantwortet er sämtliche Maßnahmen entlang der nachhaltigkeitsintegrierten Strategie und treibt gemeinsam mit seinem Team und Mitarbeitenden aus den anderen Unternehmenseinheiten die nachhaltige Transformation der Melitta Gruppe voran. Zuvor hatte der studierte Umweltwissenschaftler bei Tchibo den Bereich Nachhaltigkeit mit aufgebaut. Wir trafen Stefan Dierks im Zertifikatskurs „Nachhaltigkeitspositionen" an der Hochschule für Nachhaltige Entwicklung Eberswalde, wo er als Praxispartner im Seminar spannende Einblicke in die Aktivitäten von Melitta gab. Später konnten wir in einem vertiefenden Interview weitere Fragen klären.

Was uns an dem Unternehmen besonders beeindruckt: Die Melitta Gruppe setzt einen ganzheitlichen und globalen Ansatz um, der Kommunikation, Transformation und Nachhaltigkeit in eine Gesamtlogik bringt. Basis dafür war eine umfangreiche Wesentlichkeitsanalyse, bei der interne und externe Stakeholder*innen der gesamten Gruppe befragt wurden. Konkrete Projekte wurden „bottom-up" entwickelt – das förderte das Engagement der Mitarbeitenden, verankerte das Thema tief im Bewusstsein aller und schuf Raum für so manche Innovation. Und natürlich geht ein solcher Change nicht ohne Commitment seitens der Führung. „Wir machen es nachhaltig, oder wir machen es gar nicht," hat die Geschäftsführung zu Beginn des Prozesses in unserem Interview gesagt – und diese Aussage blieb nicht ohne Wirkung.

Die große Erfolgsstory, die auch intern für viel Emotion und Motivation sorgte, verbindet verschiedene Aspekte nachhaltiger Transformation miteinander. Dabei fand die Melitta Gruppe auf die Frage, wie man im Geschäftsfeld „Haushaltsprodukte", das zahlreiche plastikbasierte Angebote wie etwa Müllbeutel einschließt, wirklich nachhaltige Veränderung herbeiführen kann, eine ungewöhnliche Antwort. Und zwar im indischen Bangalore. Hier leben rund 15.000 Frauen und Männer vom Müll: Als sogenannte „Waste Picker" sammeln sie für ein winziges Einkommen und ohne gesundheitlichen Schutz oder soziale Rechte den Müll der Stadt. Die neu gegründete Initiative „Fair Recycled Plastic" sorgt nun gemeinsam mit dem Yunus Social Business Fund und einer vor Ort gegründeten Recyclingfirma dafür, dass die Arbeitenden faire Löhne, Bildungsangebote und deutliche bessere Arbeitsbedingungen erhalten. Als Social Business ist das Unternehmen auch dazu verpflichtet, Gewinne zu reinvestieren oder in gemeinnützige Vorhaben zu stecken. Auf ökologischer Seite passiert derweil Folgendes: Die gesammelten Folien werden in einem kreislauforientierten Prozess inklusive Wasseraufbereitung zu Kunststoffgranulaten verarbeitet, aus denen unter anderem Müllbeutel für Melitta produziert werden. Diese weisen mittlerweile die gleich hohe Qualität auf wie die auf konventionelle Weise erzeugten Kunststoffbeutel.

4.4 Melitta Gruppe: Bis heute inspiriert die Gründerin

Nicht nur in Indien identifizierte Melitta ungenutzte Kreisläufe: In Brasilien sucht das Familienunternehmen gemeinsam mit der Hanns R. Neumann Stiftung (HRNS), der brasilianischen Universität UFLA und ansässigen Kaffeefarmern nach Wegen zur Wiederverwendung von organischen Abfällen, wie etwa dem Fruchtfleisch der Kaffeekirschen. Anstatt diese massenhaft anfallenden organischen Abfälle der Kaffeeproduktion als Kompost wiederzuverwerten, werden sie oft falsch entsorgt und belasten zusätzlich die Umwelt. Was aber, wenn man die Abfälle als Dünger einsetzen und somit den Verbrauch von Kunstdünger signifikant reduzieren könnte? Das würde nicht nur die Rentabilität des Kaffeeanbaus steigern, sondern auch die Qualität der Böden verbessern. Außerdem könnte man die Pflanzen widerstandsfähiger gegen Extremwetterereignisse machen – eine Win-win-Situation auf vielen Ebenen.

Dass die Melitta Gruppe bei diesen und vergleichbaren Vorhaben nicht nur von der eigenen Markenvision geleitet ist, sondern auch von regulatorischen Vorgaben, den Anforderungen des sich verändernden Markts und den Einflüssen des Klimawandels, versteht sich von selbst. So erzeugen etwa die EU-Regulatorien verschiedene Dynamiken, die zwar zum einen die Nachhaltigkeitsprozesse bei Melitta stützen, an anderer Stelle aber auch aufhalten – etwa wenn Themen, die in der Strategie bereits als „nicht wesentlich" markiert wurden, nun Zeit und Energie erfordern.

Die durch den Klimawandel veränderten Rahmenbedingungen in den Kaffeeanbauregionen führen auf dem globalen Markt zu Schwankungen in Angebot, Qualität und Preis. Statistiken zeigen zudem einen deutlichen Abwärtstrend bei der Quantität der Kaffee-Ernte bedingt durch die Einflüsse von Extremwettern. Diese komplexen Herausforderungen im Kaffeemarkt kann Melitta nicht alleine angehen – sie sind nur gemeinsam mit anderen Marktteilnehmer*innen zu lösen. So geht Melitta Kooperationen zu Forschung und Datenanalyse sowie Unterstützungsmaßnahmen rund um den Anbau in Südamerika und anderen relevanten Anbauregionen ein – und arbeitet damit konkret an der Vision des „Kaffees der Zukunft".

Ganz konkret bedeutet das veränderte Einkaufsprozesse, um auch den Anforderungen des Lieferkettensorgfaltspflichtengesetzes zu entsprechen. Es bedeutet aber auch im Rahmen ihres SBTI-Commitments eine Roadmap für Scope-3-Aktivitäten, um den Klimaschutz in eigenen Prozessen und Lieferketten zu verbessern. Diese ambitionierte Roadmap wird aktuell entwickelt.

Ein wichtiges Ziel ist es, durch die positiven Entwicklungen der vergangenen Jahre die Markenwahrnehmung bei Melitta messbar zu verbessern. In Sachen Nachhaltigkeitskommunikation verhielt sich das Unternehmen nämlich lange eher zurückhaltend und berichtete nur wenig über Aktivitäten. Greenwashing scheint bei Melitta also nicht das Problem zu sein. „Wir haben angefangen, die Nachhaltigkeitsthemen stärker in die Öffentlichkeit zu tragen und werden nun auch aktiv darauf angesprochen", erzählte uns Stefan Dierks. Ein erstes Learning gab es auch schon: „Da wir sehen, wie herausfordernd die Komplexität der Inhalte ist, vereinfachen wir nach und nach unsere Botschaften in der Nachhaltigkeitskommunikation. Denn eine gute Kommunikation schafft nicht nur Transparenz über das bisher Erreichte, sondern fördert idealerweise auch den weiteren Prozess: durch Schaffen eines gemeinsamen Verständnisses und darauf aufbauend gemeinsamer Ziele."

Auch wurde ein gruppenweites Rahmenwerk für Nachhaltigkeitskommunikation entwickelt, um die teils komplexen Themen auf möglichst einheitliche Weise darzustellen. Hierfür wurde das „Zwiebelprinzip" etabliert. Dieses stellt sicher, dass es zu jeder zugespitzten Aussage – beispielsweise über ein Nachhaltigkeitsasset eines Produkts – einen Link zur Einbettung in die Strategie, zum Produkt, zum Geschäftsfeld und zur Melitta Gruppe gibt.

Die Energiekrise, Inflation und andere Einflüsse, die sich auf den Markt auswirken, sorgen auch bei Melitta für ein Ringen um den richtigen Weg. So muss das Unternehmen unter anderem eine Haltung finden, wie es mit den sehr schwankenden Endverbraucher*innen-Interessen an nachhaltigen Produkten umgeht. So zeigt sich, dass in vielen Märkten der Kauf von Filterkaffee in weiten Teilen sehr preisorientiert stattfindet. Im Massenmarkt Kaffee ist aktuell der Preis das ausschlaggebende Kriterium – die Aufmerksamkeit für Nachhaltigkeit ist bei den Konsument*innen hingegen gering.

Wie aber geht ein Mittelständler wie die Melitta Gruppe mit nachhaltiger Transformation im konkreten Innovationsprozess um? Zunächst hat das Unternehmen erkannt, dass eine Kultur der Co-Creation mit internen und externen Stakeholder*innen als Schlüsselelement des Transformationsprozesses zu etablieren ist. Diese Entwicklung wird einerseits durch den Zentralbereich Kommunikation und Nachhaltigkeit und andererseits durch den Zentralbereich für Innovation, Digitalisierung und Start-ups forciert. Sie fördern Transformationsprozesse durch Schulungen, Kooperationen und die Integration von Nachhaltigkeitsaspekten. Die Bereiche „Innovation" und „Nachhaltigkeitsmanagement" arbeiten eigenständig, aber sehr eng miteinander zusammen. Die konkrete Produktentwicklung findet durch Forschungskooperationen (z. B. mit regionalen und nationalen, aber auch internationalen Hochschulen) und in Zusammenarbeit mit externen Innovationshubs und eben durch interne Vorhaben statt.

Es gibt also viele Treiber für Innovation und Transformation bei Melitta. Ein initialer Treiber aber bleibt die Marke, die mit ihrem Gründerinnen-Mythos die notwendigen Emotionen und Energien für Veränderung auslöst. „Das Entrepreneurs Heart von Melitta Bentz brauchen wir heute essenziell für unsere Transformation", so Dierks. Denn basierend auf diesem Ursprung lassen sich die aktuellen Impact Stories erzählen, die Melitta nach innen und außen als zukunftsorientiertes Unternehmen wahrnehmbar machen und dazu motivieren, weitere erfolgreiche Schritte Richtung nachhaltiger Wirtschaft zu gehen. Die neuen strengen EU-Gesetze in Bezug auf Greenwashing sollten Unternehmen wie Melitta nicht daran hindern, nachweisbar positive Projekte und Veränderungsvorhaben in der Breite zu kommunizieren. Es sind vor allem solche ambitionierten Vorhaben, die in die Mitte der Gesellschaft getragen werden müssen – zeigen sie doch eindrucksvoll auf, wie man den komplexen Nachhaltigkeitsanforderungen begegnen kann, und wirken als Leuchtfeuer für andere.

Literatur

Bundesministerium für Bildung und Forschung (BMBF) (o.J.) Gesund für Mensch und Umwelt – eine ressourcenschonende und nachhaltige Ernährung. https://www.gesundheitsforschung-bmbf.de/de/gesund-fur-mensch-und-umwelt-eine-ressourcenschonende-und-nachhaltige-ernahrung-16190.php. Zugegriffen am 15.07.2024

Europäische Kommission (o.J.) Farm to Fork Strategy. https://food.ec.europa.eu/horizontal-topics/farm-fork-strategy_en. Zugegriffen am 15.07.2024

Florida-Eis (o.J.-a) Elektro-PKW. https://www.floridaeis.de/ueber-uns/klimaschutz/elektro-pkw. Zugegriffen am 15.07.2024

Florida-Eis (o.J.-b) Elektrisch durch die Stadt. https://www.floridaeis.de/ueber-uns/klimaschutz/elektrisch-durch-die-stadt. Zugegriffen am 15.07.2024

Kirk-Mechtel M (2020) Planetary Health Diet. Bundeszentrum für Ernährung (BZfE). https://www.bzfe.de/nachhaltiger-konsum/lagern-kochen-essen-teilen/planetary-health-diet/. Zugegriffen am 15.07.2024

Merx S (2023) Olaf Höhn – der Eis-Macher. Creditreform Magazin. https://www.creditreform.de/aktuelles-wissen/pressemeldungen-fachbeitraege/news-details/show/olaf-hoehn-der-eis-macher. Zugegriffen am 15.07.2024

Petersen J, Havermann C (2024) Den Berg bezwingen – Die Transformation zur Nachhaltigkeit in der Ernährungsindustrie. Herausgegeben von RSM Ebner Stolz, Köln. https://www.ebnerstolz.de/de/1/3/7/9/3/6/Den_Berg_bezwingen.pdf. Zugegriffen am 15.07.2024

Zusammenfassung und Ausblick 5

Die Herausforderungen rund um Nachhaltigkeit und die ökologische Transformation von Unternehmen bleiben gewaltig – und bei fortschreitendem Klimawandel, Biodiversitätsverlust und zunehmender Vermüllung unseres Planeten tickt die Uhr immer schneller. Wie können wir in Anbetracht dieser Herausforderungen dennoch einen positiven Ausblick auf die Zukunft schaffen, der Menschen nicht demotiviert, weil er suggeriert, dass ohnehin schon alles zu spät ist? Und wie können wir konkret aufzeigen, wie der Wandel gemeinsam funktionieren kann, und diesen direkt im Unternehmen anstoßen?

Vielleicht ist nicht die Zeit für große Visionen, weil unsere geteilten Ziele für die Zukunft – der Erhalt unseres Planeten und unser Zusammenleben in einer friedlichen Weltgemeinschaft – nach den Erfahrungen der Vergangenheit und den Prognosen für die Zukunft klar sein sollten. Die SDGs liefern viele Teilziele unter dem Dach der nachhaltigen Entwicklung, die uns als Unternehmen untereinander, aber auch mit öffentlichen Organisationen und NGOs in der Zusammenarbeit verbinden sollten. Auch politische Akteur*innen und Parteien, die sich kritisch gegenüber internationaler Zusammenarbeit positionieren, werden kurz- bis mittelfristig die regulatorische Basis, die z. B. in Europa mit dem Green Deal entstanden ist, nicht vollständig zurückdrehen können.

Statt auf die großen Visionen sollten Sie daher vielleicht eher auf die vielen kleinen Ziele achten, die das eigene Unternehmen als Beitrag zur nachhaltigen Entwicklung im Sinne eines strategischen Prismas bündeln kann. Dabei können umsetzungsorientiert und in kleinen Schritten Innovationsprojekte entstehen, die den globalen Wandel begleiten, Menschen motivieren und ihnen trotz komplexer Herausforderungen in einer

---

© Der/die Autor(en), exklusiv lizenziert an Springer Fachmedien Wiesbaden GmbH, ein Teil von Springer Nature 2024
C. Schlimok, B. von Lehsten, *Durch Markenführung und Innovation zu mehr Nachhaltigkeit im Unternehmen*, Edition Nachhaltig wirtschaften,
https://doi.org/10.1007/978-3-658-46117-1_5

komplexen Welt Mut machen. Die Geschichten rund um diese Projekte sind wiederum das, was Marken in Zukunft Relevanz und Stärke verleiht.

In kleinen Schritten und Projekten, die dem Anspruch auf Nachhaltigkeit gerecht werden, haben wir als Unternehmer in den letzten Jahren reichlich Erfahrung gesammelt. Neben vielen Wissensimpulsen für unser Team, neuer Vernetzung mit Kooperationspartner*innen und Kund*innen sowie positiver Resonanz und Unterstützung haben wir für uns ein Umfeld entdeckt, in dem wir als Unternehmen eine besonders positive Wirkung erzielen können. Seit vielen Jahren beraten wir Bildungsorganisationen in Fragen der Markenkommunikation und inspirieren als Berater*innen und Lehrende Innovation in Schulen, Hochschulen und Universitäten. Unser Wissen aus eigenen Projekten, wie komplexe Formen der Zusammenarbeit auf co-kreative Entwicklungsprozesse übertragen werden können, lässt sich auch auf Lernformate mit Studierenden gut transferieren.

An der Hochschule für Wirtschaft und Recht (HWR) Berlin haben wir die Komplexität dieser Lernformate gemeinsam mit Studierenden und zahlreichen Partner*innen schrittweise erweitert. Zusammen mit dem Innovationsberater Luzius Rüedi erkundeten wir 2022 durch das Circular Applied Research Lab, 2023 durch das Circular Innovation Lab und 2024 durch einen Makeathon innovative Felder der Hochschullehre und arbeiteten dabei mit unseren Studierenden an Herausforderungen vieler unterschiedlicher Unternehmen rund um Nachhaltigkeit. Dabei wurde uns die Bedeutung der Einbeziehung von jungen Menschen in die Entwicklung dieser Lösungen besonders deutlich. Denn sie sind es, die zukünftig unsere Wirtschaft und unsere Unternehmen maßgeblich mitgestalten werden. Und sie sind es auch, die Begeisterung und Zuversicht auf dem Weg zu mehr Nachhaltigkeit dringend brauchen, damit der gesellschaftliche Wandel gelingen kann. Das bedeutet nicht, dass diese Perspektiven aus unserer Sicht nur im akademischen Kontext relevant sind. Sie können und müssen auf viele weitere Felder der Bildung – von Grundschule bis Berufsbildung – übertragen werden.

Das Engagement unserer Unternehmenspartner*innen, die ihre Herausforderungen rund um Nachhaltigkeit in unsere Lernformate einbringen, lohnt sich auf vielfältige Weise: Sie erhalten von unseren Studierenden wertvolle Außenperspektiven und Impulse zur Weiterentwicklung ihrer Nachhaltigkeitsprojekte und sind im Kontakt mit begeisterten jungen Menschen, die als zukünftige Mitarbeitende relevant sein können. Unsere Hochschul-Unternehmens-Kooperationen sind zudem ein guter Einstieg für kleinere oder mittlere Unternehmen in die Zusammenarbeit mit Wissenschafts- und Forschungsorganisationen bei der Bearbeitung komplexer Probleme und Fragestellungen. Das kann nicht nur Greenwashing verhindern, sondern zahlt auch auf die Glaubwürdigkeit der Marken der beteiligten Unternehmen ein. Über unsere Hochschulprojekte wird außerdem regelmäßig in

5 Zusammenfassung und Ausblick

den sozialen Medien berichtet. Durch die vernetzte Kommunikation mit den Studierenden werden unsere Unternehmenspartner*innen auch noch in einem erweiterten Kreis für junge Menschen sichtbar, die als zukünftige Talente relevant sein können. Die Unternehmenspartner*innen lernen sich auch untereinander kennen, können sich vernetzen und zu ähnlichen Fragestellungen austauschen oder kooperieren.

Die Vorteile dieser offenen Innovationsformate sind also vielfältig und wir möchten auch in Zukunft Unternehmen dabei begleiten, im Austausch mit Universitäten, Hochschulen und Forschungsorganisationen ihre Organisationen durch Innovation in Richtung Nachhaltigkeit weiterzuentwickeln und dabei ihre Marken zu stärken. Was uns aber besonders am Herzen liegt, ist die Begeisterung der jüngeren Generationen für das Thema Nachhaltigkeit und deren Zuversicht, dass wir gemeinsam auch wirklich komplexe Probleme auf überraschende Art und Weise lösen können.

Nachhaltige Erkenntnisse

- Nachhaltige Strategien sollten immer im Einklang mit der Unternehmens- und Markenstrategie entwickelt werden.
- Nachhaltigkeitskommunikation sollte auf validen Daten basieren und eng mit den Innovationsprozessen im Unternehmen verbunden sein.
- Sowohl nachhaltiges Wirtschaften als auch die Kommunikation darüber sollten sich an Kreisläufen orientieren.
- Investitionen in nachhaltige Innovationen lohnen sich, auch in Krisenzeiten.

Stichwortverzeichnis

B
Belastungsgrenze, ökologische 39

C
Circular Design 29
Co-Creation 28
Corporate Governance 14
Corporate Social Reporting 1
Cradle to Cradle 7

D
Design Thinking 29

E
Eisproduktion, klimaneutrale 46
Entwicklungsprozess, co-kreativer 56
EU-Regulatorium 51

F
Feedbackkultur 10
Finanzberichterstattung 5, 16

Forschung 52
Forschung, angewandte 42
Forschungsthema 33

G
Geschäftsmodell 17
Greenwashing 4, 20, 37

H
Hackathon 32
Hochschulprojekt 56

I
Impact Materiality 17
Impact Stories 53
Impact Stories 25
Inhalt, komplexer 30
Innovation 10, 53
Innovationslabor 33
Innovationsmanagement 47
Innovationsökosystem 42
Innovationsprojekt 34, 37
Innovationsprozess 19, 25, 35

© Der/die Herausgeber bzw. der/die Autor(en), exklusiv lizenziert an Springer Fachmedien Wiesbaden GmbH, ein Teil von Springer Nature 2024
C. Schlimok, B. von Lehsten, *Durch Markenführung und Innovation zu mehr Nachhaltigkeit im Unternehmen*, Edition Nachhaltig wirtschaften,
https://doi.org/10.1007/978-3-658-46117-1

K
Kommunikation 31

L
Lieferkette 36, 52

M
Makeathon 32
Marke 18
Markenführung 13, 19, 49
Markenkommunikation 56
Markennarrativ 23
Markenpersönlichkeit 45
Markenstrategie 21
Markenthema 23
Markenwahrnehmung 52
Matching 35
Matching-Plattform 35

N
Nachhaltigkeit 3
    unternehmerische 48
Nachhaltigkeitsbericht 5, 40
Nachhaltigkeitsberichterstattung 2
Nachhaltigkeitskommunikation 9, 44, 52
Nachhaltigkeitsposition 50
Nachhaltigkeitsstrategie 13
Nachhaltigkeitsziel 40

O
Open Innovation 36
Open-Innovation-Prozess 38
Organisationsentwicklung 10, 15

P
Planetary Health Diet 39
Plattform, digitale 34
Produkt
    ökologisches 40
    100 % recyceltes 46
Produktinnovation, kreislauforientierte 20

R
Regionalität 5
Resilienz 10
Roadmap 52

S
Scope-3 52
SGD Compass 27
Social Business 50
Strategieprozess 8
Sustainable Development Goals 13

T
Taxonomie 2
Transformation, nachhaltige 49
Transformationspfad 8
Transparenz- und Offenlegungspflicht 40
Triple Bottom Line 7
Triple Top Line 6

U
Umweltbilanz 5
Unternehmensstrategie 19

W
Wertschöpfung 7
Wertschöpfungskette 14, 22, 42
Wesentlichkeitsanalyse 13, 16, 50
Wesentlichkeitsmatrix 16
Wirtschaften, nachhaltiges 37
Wirtschaftssystem
    regeneratives 8
    zirkuläres 8
Wissenschaftskommunikation 30
Wissenschaftsorganisation 46

Z
Zukunftsszenario 26